LEAF
植感生活提案
SUPPLY

植感生活提案

觀葉植物的室內養成&入門品種推薦
LEAF SUPPLY : A GUIDE TO KEEPING HAPPY HOUSEPLANTS

蘿倫·卡蜜勒里、蘇菲亞·凱普蘭／著

CONTENTS

前言......8

chapter one 與植物共生 　14

介質＋肥料......20
澆水......26
光線＋溫濕度......30
繁殖......36
盆器......40
換盆......46
植感天堂裡的麻煩......50
視覺效果......56

chapter two 觀葉植物 　62

八角金盤......68
黃金葛......69
白花天堂鳥 / 天堂鳥......70
風藤......71
鵝掌藤......72
觀音蓮「波莉」......73
龜背芋 / 蓬萊蕉 / 電信蘭......74
白鶴芋屬......86
美鐵芋......87
吊蘭......88
倒卵葉毬蘭......89
芋屬......90
合果芋屬......91
蔓根......92
花燭屬 / 火鶴屬......93

［ 蕨類 ］
二歧鹿角蕨......106
波士頓腎蕨......108
大葉鳳尾蕨......109
藍星水龍骨......110
楔葉鐵線蕨......111

［ 棕櫚 ］
觀音棕竹......120
蒲葵......122
荷威椰子......123

［ 蔓綠絨 ］
心葉蔓綠絨......136
紅剛果蔓綠絨......138
小天使 / 仙羽鵝掌芋......139

［ 榕屬 ］
琴葉榕......142
長葉榕......143
印度橡膠樹......144

［ 椒草屬 ］
斑葉垂椒草......154
皺葉椒草......155
西瓜皮椒草......156

［ 秋海棠屬 ］
麻葉秋海棠......160
蛤蟆秋海棠......161

chapter three 多肉植物 + 仙人掌 162

[多肉植物]

愛之蔓 178

美洲龍舌蘭 179

玉簾 180

虎尾蘭「月光」 182

十二卷 183

藍粉筆 184

弦月 185

墨鉾 186

彩雲閣 / 三角霸王鞭 187

蛛絲卷絹 188

石蓮屬 189

雷鳥 / 掌上珠 190

[仙人掌]

紫魚骨令箭 / 鯊魚劍 202

金鯱 203

絲葦 204

大花犀角 214

高砂 215

赤烏帽子 216

chapter four 珍奇獨特的植物 218

豬籠草屬 224

鏡面草 225

[空氣鳳梨]

松蘿鳳梨 228

霸王 230

小精靈 231

多國花 232

電捲燙 233

索引 245

作者簡介 251

感謝 254

綠植人分享專欄

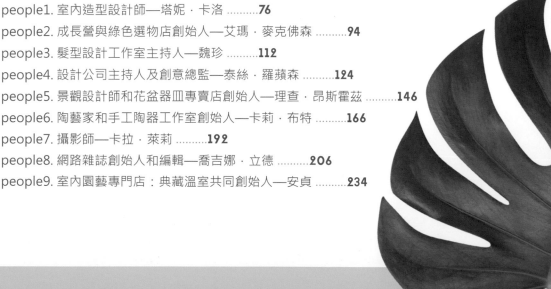

people1. 室內造型設計師—塔妮·卡洛 76

people2. 成長營與綠色選物店創始人—艾瑪·麥克佛森 94

people3. 髮型設計工作室主持人—魏珍 112

people4. 設計公司主持人及創意總監—泰絲·羅蘋森 124

people5. 景觀設計師和花盆器皿專賣店創始人—理查·昂斯霍茲 146

people6. 陶藝家和手工陶器工作室創始人—卡莉·布特 166

people7. 攝影師—卡拉·萊莉 192

people8. 網路雜誌創始人和編輯—喬吉娜·立德 206

people9. 室內園藝專門店：典藏溫室共同創始人—安貞 234

前言

有許多城市人生活在人口密度高的地區，渴望與自然環境建立聯繫。由於接觸綠地的機會有限，將室外帶進室內可以滿足我們親近自然的願望。無論我們的室內是充滿青蔥的綠色植物，或者有一系列令人興奮的仙人掌組合，室內植物對我們的生活可以產生驚人的影響。植物能讓冷硬的建築表面變得柔和，提供令人驚嘆的視覺效果，它們是充滿風格的室內裝飾，讓我們在空間裡休息，恢復活力。

我們兩個人可能有偏見，但能夠肯定地說：植物真是太不可思議了！我們深信充滿綠色植物的空間是最好的居住場所。那種持久的吸引力是遠遠超出審美觀的，因為植物是不斷生長變化的生物。照顧室內花園是對人類非常有益的活動，看著健康繁茂的植物展開新葉，實在是件令人雀躍的事。

不僅如此，大量的科學證據説明植物對人類有益。美國太空總署的空氣品質研究表示，許多常見的室內植物能夠替我們的空間排毒，它們能自然地去除有毒物質，例如油漆、膠水和日常家居用品釋放出的甲醛和苯。也能將二氧化碳轉化為氧氣，改善空氣品質，並提供更高的氧氣量，促進我們的健康。其他研究指出在環境中加入植物能提高生產力和創造力。總而言之，植物使人快樂！

我們出版「植感生活提案」的目的很簡單：散播我們對植物的熱愛，提供人們需要的知識和工具，讓他們順利將植物帶進家裡，同時也想打開人們的視野，一起發掘更多美好的室內植物，並與植物迷們分享寶貴的植物栽種知識。本書集這些目標之大成，很高興能和讀者分享我們與植物共處的樂趣。

植物使人快樂，
我們深信
充滿綠色植物的空間
是最好的居住場所

▶ 植物能為空間帶來潔淨的空氣、散發美麗和生機。波士頓腎蕨（*Nephrolepsis exaltata*）或印度橡膠樹（*Ficus elastica*）的茂密葉片有助於柔和剛硬的邊緣，修飾白牆及生硬的木工傢俱與裝潢。

在我們這個年代，各種室內植物不勝枚舉：從傳統的棕櫚和蔓綠絨，到觀音蓮以及時髦的空氣鳳梨都有。本書中將探索好幾類適合引入各種空間的觀葉植物。世界上肯定會有與你和所在空間最麻吉的植物，而我們的目的在於幫你找到它。一起來認識茂密的熱帶植物、多肉植物和仙人掌、以及一些珍奇獨特的物種，希望這些訊息能激勵你開始或拓展屬於你的室內叢林。

照護室內植物時，很多人對自己沒有信心，對養死植物的恐懼，使許多想成為園丁的朋友們怯步，不敢追求成果豐碩的回報。有些人認為自己根本就是黑手指，但是這個詛咒絕對是無稽之談。只要具備正確的知識，任何人都能讓植物保持活力。在第一章「與植物共生」提供的訣竅和技巧將使你不僅能夠維持一座室內花園，還能讓它蓬勃茁壯。

和每個人一樣，我們也喜歡探看別人的生活空間。在替這本書找題材和攝影時，我們受邀進入一些植物愛好者的生活空間，收錄在 9 個「綠植人」專欄，讓你也有機會一窺他們的屋子，看他們如何將植物透過創意融入生活及工作空間。藉著近距離觀察這些人與植物之間的聯繫、以及植物如何影響他們的生活，我們希望即使是最新手的室內園丁也能興起領養一位綠色朋友的動機。

在本書最後，我們希望你能站在全新的高度欣賞植物。你會驚嘆於植物的形狀、結構、紋理和顏色，並學習照顧它們、用不同的盆器和道具將它們分組和造型，你就可以將你的一小片空間改造成更綠、更健康、更美好、充滿活力的世界。讓我們開始綠化吧！

▲ 有什麼比蹣跚學步的孩子和龜背芋（*Monstera deliciosa*）更可愛的組合嗎？
◀ 植物層架真的很流行，所以用綠色植物（和植物類書籍）填滿層架，貼到你的 IG 動態上吧！

與植物共生

LIVING WITH PLANTS

要室內植物快樂健康地生長，
最好的方法是確定它能獲得
茁壯成長所需的光線。

請記住一件重要的事：即使最頑強的植物也需要照顧和你的注意力，才能保持植物的快樂和健康。在這個章節，將討論基礎知識：水、光、溫度、濕度、介質和肥料，以及如何選擇合適的盆器。掌握了基礎知識，我們希望你就會有信心種出繁茂的室內叢林，成為稱職的植物爸媽。

開始時要注意的

在購買第一批室內植物之前，你需要考慮幾個因素。要室內植物快樂健康地生長，最好的方法是確定它能獲得茁壯成長所需的光線。如果你非常想種仙人掌，但客廳沒有任何自然光，你最後會種出看起來很可悲的仙人掌。任何喜愛太陽的植物，例如仙人掌或天堂鳥，都應該放在窗台或陽光充足的陽台。

考慮居家環境很重要。你住在熱帶氣候地區嗎？或者更冷或涼爽的地方？你家不同位置能接收到多少陽光？你是細心的植物爸媽還是有可能會時不時忘記這些小傢伙們？相信我們，這些背景都有適合的植物。

安排位置

一旦你評估了居住空間的光線和溫度之後，就可以開始安排新植物的安身之處。你選擇的空間也會影響你想種植的植物尺寸和形狀。如果層架上需要一小塊綠意吸引目光，就可以選擇向地面傾瀉而下的懸垂型植物。也或者你有一個被忽視的角落，適合非常搶眼的大型植物。

無論如何，現在就是汲取靈感的時候。後面這些頁面都有華麗的綠色空間，也有展示和為植物造型的點子，還有大量的植物資訊，幫助你挑選出打造室內叢林的完美植物。翻雜誌、搜索網路、參考朋友的房子；其實處處都找得到綠色靈感。

▶ 選擇植物時，考慮使用的盆器很重要。
▼ 花盆裡的懸垂型植物掛在窗邊，看起來棒極了。

開始採購

當你決定好夢想中的植物，現在該出門尋找它了。前往住家附近的花市、苗圃，實地挑選植株。葉片富有光澤和生氣、植株形狀飽滿、有新生葉片等等，都是植物超級健康的表現。選擇任何看起來不完美的植物，都可能在之後讓你面臨種不活的心痛。

回到家之後

將買來的新植物帶回家真是令人興奮，你恨不得趕快將它們介紹給家裡的植物手足。但是請別急。最好給新植物短暫的隔離期，確保沒有病蟲害潛伏，否則可能會傳播到原有的其他植物。重要的是提供植物與未來安身之處相同條件的場所，並試著一開始就訂好定期的澆水時間表。對植物來說，搬到新環境會帶來適應的壓力。在溫室裡，它們享受著優越的生長條件，一旦面對比之前少的光照和濕度，在一開始會導致少許落葉。不要太擔心植株基部的落葉狀況，但是如果落葉狀況始終沒改善，可能就是你選擇的地方不具有植物茁壯成長所需的合適條件。一般來說，植物喜歡待在同一個地點，但不要害怕移動它們，直到你找到讓它們最快活的位置。

植物安置好之後，也許你才真正開始體會到照顧這盆珍貴綠葉的責任，同時，隱隱然地有點恐慌。但是請植物爸媽相信我們，只要繼續讀下去，你就會吸收到需要知道的一切，讓你和新的植物家人一起享受長久幸福的生活！

▲ 別出心裁的工具能在整理植物時特別快樂！而且這些工具看起來也很專業。

◀ 每個星期留出一天來為植物澆水，但也不要忘記定期檢查它們，確保滿足它們的需求。

介質＋肥料

這是個很好的討論起點，因為它是植物種子或扦插發根長芽之處。介質是確保室內植物蓬勃生長的重要元素，它為植物的根部儲存水分和養分，同時提供足夠的排水能力，使植物不會泡在滯留水分裡。它還可以促進空氣流通，使根部獲得氧氣。

值得注意的是，雖然大多數商業生產的盆栽混和培養土被稱為土，卻不包含任何實際土壤，而是有機和無機物的混合，通常富含肥料。泥炭蘚往往是許多袋裝培養土的基礎混合物，因為它能減輕混合物重量，並保持濕度。喜歡潮濕的植物，如蕨類和秋海棠，通常能在具保水性的泥炭蘚培養土裡生長良好。

來自沙漠的植物，如許多仙人掌和多肉植物，則比較喜歡乾燥的居所。對仙人掌和多肉植物來說最好的栽培介質是粗糙的沙質培養土。這是因為這些植物比較喜歡少次多量的水，因為它們可以快速吸收水分，儲存在多水的身體裡。重要的是，任何多餘的水應該都要很容易地排出，以避免植物一下喝進太多水分，或泡在潮濕的介質中。

無論種哪種植物，在上盆之前都要慎重考慮植物與介質之間的關係。

認識各種介質

栽培介質　各種大小的無機顆粒與處於不同分解階段的有機材料混合。

pH　酸度或鹼度的量度，測量值從 0 到 14。介質的 pH 值會影響生長在其中的植物表現。

蛭石　一種能幫助排水和通風的無機礦物。它還有助於保留水分和寶貴的營養素。

珍珠石　介質中的一種無機成分，能促進通風和排水。

泥炭蘚　一種海綿狀材料，取自泥炭沼澤（有機物質在地底下經由數千年分解而成）。它的排水良好，也能鎖住大量水分，可以和沙子搭配，用於繁殖和盆栽培養土。

水苔　這種苔蘚的纖維比泥炭蘚長，用於蘭花混合介質和吊籃襯裡。

繁殖用沙　顆粒非常粗，洗過的沙子（幾乎像礫石，但是沒有細微顆粒）。和水族箱沙一樣的材質，有時也稱為粗沙，河砂或洗過的花崗岩砂。它被廣泛使用於繁殖種子和插條時，通常與泥炭蘚或蛭石混合。

沙子　通常添加到盆栽混合壤土中，增加排水速度。由於粗沙保水能力不好，沙質混合物會很快就變乾，是仙人掌和多肉植物等喜歡小口喝水植物的理想選擇。必須使用不含鹽分和其他雜質的園藝或水洗沙子。

活性炭　多孔隙的介質，能增加介質多孔隙的特性，吸附並移除未來植物根部釋放的廢物及酸性物質，中和平衡介質的酸鹼值。將它鋪在花盆和容器底部，可以提供額外排水能力並具有抗菌效果。

蛭石

泥炭蘚

活性炭

珍珠石

沙

肥料

　　植物自陽光取得滋養和活力，但是從水和盆栽混合土裡獲取礦物質。許多室內植物不太需要花太多心思維護，所以不一定需要常常施肥，許多植物甚至沒有肥料也行。話雖如此，肥料可以維持和促進成長，稍微為你的室內綠色花園打氣。正確的施肥時機和分量很重要，以避免過度施肥，導致植物肥傷等問題。這裡有一些幫助你正確施肥的訣竅。

　　要植物健康地生長，展現美麗的葉片，就需要三個關鍵要素：氮（N）、磷（P）和鉀（K）。一般來說，富含氮的肥料能促進葉子的健康成長和綠色色澤，含磷量較高的肥料將確保開花植物以最好的狀態綻放，鉀肥則能增進抗寒能力。對於大多數觀葉室內植物來說，富含氮和適當磷鉀的肥料就足夠讓植物看起來既美麗又茂盛。

　　液態肥和緩效肥料最適合室內植物。使用液態肥料時要謹慎，稍微稀釋得比使用說明上的再稀一點，確保你不會灼傷最喜歡的室內植物葉片。之後，你可以視情況增加濃度。緩效肥料將營養成分壓縮成難以溶解的顆粒，撒在介質上之後，就能在一段時間裡持續滋養植物。最好是在植物活躍生長期間施肥，因為它們在此時最能夠處理和利用額外的營養。只在這個時候施肥，讓植物在寒冷的月分得以休息。

> 肥料可以
> 維持和促進成長，
> 稍微爲你的
> 室內綠色花園打氣。

介質調配要領
在可能的情況下，使用優質、有機、專門為不同植物種類配製的盆栽土。

排水良好
添加蛭石或珍珠石可以讓水快速流通，增加透氣度的同時也保留寶貴的營養。

保持水分
含有泥炭的盆栽土能夠保持水分。

粗砂＋沙子
沙子和砂礫含量高的盆栽土可以讓水快速排出，遠離根部。非常適合沙漠植物。

澆水

照顧植物時，人們犯的最大錯誤之一是過度澆水。原來一片好意竟然這麼容易就殺死珍貴的植物了！

你必須要先了解，那就是植物的需水量與其獲得的光照量有密切相關，重點在光線和植物吸收的水量之間取得平衡。通常，植物受到越強的光照，生長就越快，需要的水分也越多。季節也會影響這種平衡；較冷的月分，光線較少和溫度較低，植物處於休眠期，你就會發現需要的水量比較少。

由於有很多變數，所以很難建議植物應該多久澆一次水。雖然許多觀葉植物喜歡每星期好好喝一次水，最重要的還是定期檢查你的植物，確定澆水時間表能滿足它們的需求。養成每三到四天檢查一次植物的習慣，評估它們的狀態。

給觀葉植物澆水時，最好是在兩次澆水之間讓介質乾燥，這樣根部就不會時時泡在水裡。要判斷植物是否口渴，可檢查土表下 3 ～ 5 公分的介質，如果是乾的，就表示該澆水了。輕輕抬起植物的葉片，澆下與室溫相同溫度的水，直到小水流從底部的排水孔流出。讓植物吸收水分 30 分鐘之後，倒掉水盤裡剩餘的水。在浴室或室外澆水通常是個好主意，讓多餘的水輕鬆排出。

對於多肉植物和仙人掌，澆水需求有很大的差異。這些小傢伙不需要常澆水，因為它們將水儲存在肉質葉片裡。很多人都犯了給多肉植物噴水或噴霧的錯誤，其實最有效的澆水方法是直接用水管或水壺澆濕介質，然後在下次澆水之前讓介質完全乾燥。對這類植物來說，每兩週到每月澆水一次應該就可以了，尤其是當天氣潮濕的情況下。在寒冷月分的休眠期間，甚至可以進一步減少澆水次數。

▶ 澆灌較小的盆栽植物時，有細壺嘴的水壺能澆得更精確。
▼ 澆水的日子裡，將較大的植物集中在淋浴間一起澆，除了可以節省時間，還能同時讓多餘的水排出。

水質考量

可以肯定的一點是，我們大多數人都直接用自來水澆灌植物。一般來說，這麼做不太會造成麻煩，但是對於一些植物卻可能有點危險。自來水通常含有鹽和礦物質的混合物，會累積在介質裡，可能抑制養分的吸收，進而損害植物的生長和健康。對我們的觀葉植物朋友來說，最好的水是從天而降的甘霖；所以當烏雲在頭頂聚集時，將植物挪到室外，讓它們吸收雨水。

對於住在市區公寓的人來說，不太可能總是將植物搬到室外，所以聰明的做法是在澆水前讓水壺或水桶裡的自來水靜置至少二十四小時。如此能使氯或氟化物消散，下次你給植物喝水時，就有準備好的無氯水了。不過食蟲植物除外，因為它們更敏感，應該維持只用雨水、去離子水或蒸餾水來澆水。

澆水關鍵

定期將手指插入介質表層，是監測植物是否需要澆水的最佳方法。請注意，季節差異會影響澆水頻率，較冷的月份需要減少澆水。

少量

大約每兩週一次，或當大部分介質已經乾燥時才澆。

中等

大約每週一次適度的水量，當介上層五公分的介已經變乾時。

大量

每週大約兩次，介表面已經變乾時。

噴霧

用噴霧瓶噴灑植物，每週一次左右，增加濕度。

光線＋溫濕度

一般來說，植物需要光照才能存活。植物透過光合作用，利用光、水以及二氧化碳製造食物，並將氧氣釋放到空氣中。當然，不同的植物需要不同程度的光線，選擇一個有正確光照的位置能讓植物快樂生長。

本書中的每款植物介紹旁邊都會指出該種的最佳光照要求。這些要求包括耐陰性、對明亮環境的偏愛、茁壯成長所需的散射光源或直射光源。

大多數觀葉植物和雨林仙人掌在明亮、散射光源環境生長最好；也就是說，沒有會灼傷葉片的直射陽光，但又夠明亮，具有能夠產生光合作用的大量光線。把這類植物放在窗台上時，最好朝北方。留意進來的光線，確保葉子不會被灼傷。

沙漠仙人掌和許多多肉植物都很愛太陽，需要最亮的光線才能茁壯成長。放在能直接照到早晨日光的窗台或附近的位置就很理想。不過就連仙人掌也會曬傷，要盡可能避免下午的光線，或是在一段時間內慢慢讓植物暴露在越來越強的光照量下，逐步建立對午後直射陽光的耐受度。

大多數開花植物都需要更多的光線才能開花。許多種在室內的開花植物會因為光照程度比在自然環境內接收到的低，而無法開花。斑葉植物的葉片和莖上有多彩的美麗斑紋，通常也需要更多的光。若是植物無法獲得足夠光照，這種不尋常的突變，就會開始消失，使植物恢復為綠色，失去繽紛的色彩。

對於生活空間裡光線不足的人來說，還是有希望的。選擇低光照植物，如美鐵芋（*Zamioculcas zamiifolia*）或黃金葛（*Epipremnum aureum*），並且在有機會的時候，讓它在光線充足的地方度個假。

冬天，天空中的太陽位置較低，這意味著夏天及春天充滿光線的空間會變得更暗。這是替室內植物換位子的好時機，以便滿足它們獲得所需的光照和溫度。植物立架（請參見第 61 頁）能方便變換植物的位置，提供額外的高度。另一個重要的訣竅是每個月清潔植物的葉片，無論是在淋浴間裡或是用布擦拭，讓它們能夠完全暴露在光線下。

▶ 光線從倫敦典藏溫室（Conservatory Archives）的窗戶流瀉而入。
▼ 明亮的窗台是老樂柱仙人掌（*Espostoa lanata*）沐浴在陽光裡的完美位置。

高溫＋潮濕

　　隨著季節的變化，你需要密切注意室內空間的濕度和溫度，因為這些都會影響植物在一整年中的存活。濕度與蒸散到空氣中的水量有關。極低的濕度會導致肥料囤積，進而造成肥傷，也就是葉片上那些討厭的棕色尖端。反之，高濕度會使植物積留過多水分，更容易腐爛和發霉。

　　一般原則是葉子越薄，需要的濕度就越大。肥厚、革質、蠟質或被毛覆蓋的葉子，對乾燥空氣相對免疫。熱帶植物蕨類是濕度的第一大粉絲。如果你居住在乾燥的自然環境，蕨類植物能快樂地住在浴室裡，同時扮演充滿異國情調的室內裝飾角色。

　　如果你的植物開始出現捲曲的葉子和乾燥的葉尖，可能就是因為空氣太乾燥了。要提高濕度，可以試著用噴霧瓶噴一次葉子。最好是在早上用與室溫相同的水噴，所以葉子有機會在一天之內

▲將具有類似需求的植物群組起來，在它們周圍創造出微氣候，增加濕度。
▶波士頓腎蕨擺在潮濕、熱氣騰騰的浴室裡會很漂亮。

乾燥。將植物放在裝滿鵝卵石的有水碟子上是另一個有用的技巧。這樣能在植物周圍創造一個潮濕的環境，鵝卵石能確保植物不泡在水裡，造成根部腐爛。

提高濕度的另一個方法是將植物種植在一起。植物通過葉片釋放水分的過程稱為蒸散作用。將植物群組起來能創造比較潮濕的微氣候，讓所有植物都獲益。如果這些方法都沒用，而你又非常想要種植一些喜愛潮濕的植物，那麼加濕器可能是最好的選擇。這些幫手能提高整個房間的濕度，應該能滿足那些熱愛濕氣的類型了。（註：台灣的環境濕度通常已經足夠，就不需上述的做法。）

一般來說，最適合光合作用的溫度是攝氏 25 度，但大多數植物在攝氏 18～25 度之間最快樂，也能對付偶爾的炎熱天氣和享受夜間降低的氣溫。戲劇性的溫度和濕度波動最容易傷害到植物朋友們，在涼爽的月分裡，讓植物遠離特別冷的氣流，避免讓它們離暖器太近，免得被灼傷或烤乾，進而受到紅蜘蛛的侵害。

你應該可以想像，大多數仙人掌和多肉植物（除了雨林仙人掌，見第 165 頁）喜歡沙漠般的環境。所以對這些植物來説，每次澆水日之間的乾燥空氣和乾燥介質是必要的。對於特別潮濕的環境，除濕機能提供額外幫助，顯著降低空氣中的水分含量。通風也是所有植物的重要考慮因素，可是對降低濕度特別有用。幫你的植物朋友們一個忙，時不時打開一扇窗戶吧！

光線照顧關鍵
請注意，光照條件會隨著季節有所不同。相應地重新調整植物位置，確保提供給它們的光照需求始終如一。

低度到中等光線
能耐陰，但也會在明亮的散射光下茁壯成長。

明亮、散射光
明亮的漫射光線；避免陽光直射。

明亮、直接光線
喜歡明亮的光線並能忍受或喜歡直射陽光。

繁殖

繁殖植物
是增加室內植物收藏
最經濟的方法

━━━

我們都知道生活周遭有植物是蠻神奇的感覺，但更棒的是，很多植物只需切下一小片葉子、莖或根就可以複製，例如像是多肉植物的枝條。學習繁殖植物，也是增加室內植物收藏最經濟的方法。

和朋友們分享和交換植物是很有意思的事。我們收集了很棒的各種芳香天竺葵植株，是因為有一位朋友只要發現新品種，就會剪枝分送。修剪雜亂植株時，利用剪下的枝條也是非常棒的繁殖方式。

幾年前，我在朋友媽媽迷人的花園裡度過了一個下午，造就了我家陽台一角蓬勃發展的多肉植物。多肉植物是最容易繁殖的植物之一，但許多觀葉植物繁殖起來也很輕鬆。我們將詳細探討不同的繁殖方法以及一些能夠幫助你的重點和訣竅。一般來説，最好的實驗繁殖時間是植物的

生長期：春季和夏季較溫暖的月分。在剪下任何
扦插枝條之前，都要確認苗木或親株處於最佳狀
態，讓你有最大的成功機會。

繁殖方法有好幾種，選擇使用的方法取決於你
想繁殖的植物。

側芽

某些植物，例如蘆薈和虎尾蘭會形成側芽：也
就是通常從植物基部周圍冒出來的仔株。你必須
非常小心拿取和剪下這些側芽，盡可能取下最多
的細根，因為這能讓新植物有最佳的存活機會。
用非常鋒利的刀，小心取下側芽，然後簡單地用
培養土，像照顧母株一樣照顧它。小心不要在根
系還在發育的早期階段過度澆水。

其他適合用側芽繁殖的植物包括十二卷
（*Haworthiopsis* 屬）和鏡面草（*Pilea peperomioides*）。

仔株

仔株是指具體而微的成年植物（包含不定芽、
高芽、腋芽及珠芽等等），它們在枝條或匍匐莖
的末端自然形成，是植株的無性繁殖形式。當仔
株葉子和根長成相當尺寸時，便能夠自行生長
了。此時只需取下仔株，使用排水良好的標準盆
栽土種植。吊蘭（*Chlorophytum comosum*）就是
完美的例子，能從健康母株長出的高芽繁殖出新
的植株。

枝條扦插

這種繁殖方法適用於許多常見的室內植物，包
括黃金葛、龜背芋和秋海棠。你可以選擇用栽培
介質種植或直接放入裝了水的容器裡。

◀將枝條放入一字排開的漂亮玻璃瓶裡，創造屬
於你自己的繁殖基地。舊物老件專賣店是搜尋特
殊玻璃器皿的好地方。
▼吊蘭能長出仔株。一旦長得夠大，它們就可以
脫離親株，在介質中生根。

選擇看起來健康的莖，用乾淨的剪刀以斜角剪下。輕輕去除下方的葉片和任何其他可能容易腐爛的嫩芽。你的目的在於讓扦插的莖條專心長根，而不是長葉。將莖插入栽培介質或過濾水。一旦植株發根後，就可以移植到你喜歡的盆子裡。

如果是從仙人掌或多肉植物上切下枝條，就先讓它們晾乾至少幾個小時或一天，再將它們放進栽培介質或水裡。這樣做能稍微封住剛被切過的傷口，減少腐爛的可能性。

葉片扦插

從葉片繁殖的方法，先輕輕將葉片從莖摘下，確定葉片完整摘下。讓葉子乾燥一到三天，讓傷口完全結痂，澆水時才不會吸收太多水分。蘸取少量發根粉，撢掉多餘的粉末，將葉片的三分之二插入栽培介質，正面朝外。輕輕按壓葉片周圍的栽培介質。

能夠利用葉片繁殖的植物包括虎尾蘭、美鐵芋和翡翠木（*Crassula ovata*）。

分株

你也可以將一些植物分成兩棵或更多植株。白鶴芋屬（*Spathiphyllum*）和波士頓腎蕨都可分株成新的植物朋友。早春通常是最好的分株時間，而且方法非常簡單。首先，從盆中取出植物。將雙手拇指放在植株中間，用雙手抓住植物將它拉開。如果沒辦法分開，就先清除栽培介質重試一次，或用刀將植株切開。然後將新分開的植株種入新的栽培介質、澆透水。在接下來的幾週內保持介質均勻濕潤，幫助根部固定和傷口癒合。

▲ 典藏溫室的安真在她的植物繁殖基地。
◀ 黃金葛在水裡向下發根。

盆器

為你的室內植物
選擇棲身之所
不僅關乎美學

選擇正確的盆器

　植物與手工陶瓷花盆非常速配，陶瓷有機和樸實的本質似乎很適合室內綠色叢林的自然之美。我們兩個人都喜歡用自己的植物塑造美麗的場景，而盛裝植物的盆器扮演舉足輕重的角色。花器和花盆的選擇非常豐富，每個都有好處和限制。

　為你的室內植物選擇棲身之所不僅關乎美學，選擇適合根團尺寸和植株高度的盆器也很重要。為了避免過於頻繁地換盆，你要的是一個可以讓植物有伸展空間的花盆。另一方面，將植物移入比現在大太多的花盆可能會給根部帶來壓力，多餘的介質導致水分滯留和不可避免的根腐病。重新換盆時，盆子最好比原來的寬2～5公分即可。

　排水也是重要的考慮因素，最好使用底部有孔的花盆和收集多餘水分的水盤。

　花盆的材料也會影響照顧植物的方式。讓我們看看下面的選擇。

素燒盆
　在替植物考慮安身之處時，這種盆子是必然的選擇之一。從最普通的錐形花盆到更陳舊和更有質感的形式不一而足，每種植物和空間都有適合的素燒盆。它充滿土地氣息、樸實的質感用來種植室內植物會非常漂亮。將它們以不同大小和形狀聚集在一起展示，能創造壯觀的視覺效果。有一個簡單的方法能讓素燒盆顯得老舊有歷史：將它放在後院或門廊上幾個月，暴露在本應接觸的自然元素中，就能讓它具有獨特的褪色斑駁感。

使用素燒盆時有幾點需要注意：它們會從介質中析出水分，所以植物就需要更頻繁地澆水。此外根據盆子的厚度，水裡的礦物質會慢慢滲透到外部表面，在表面留下乳白色殘留物。雖然對某些人來說這些乳白色斑塊沒有吸引力，但它可以增加盆子的個性和自然老化的感覺。

手工陶瓷盆

在轆轤上用手捏塑或大規模量產，使用各類黏土、石頭和釉料燒製完成。我們喜歡發掘本地陶器作坊和陶藝家，以及他們製造植物盆器時所有的新奇做法。手工製作的陶瓷盆和素燒盆以至少攝氏九百度燒成，植物可以直接種在裡面。無釉陶瓷會有一定程度的孔隙，某些養分可能會滲透到盆器的外部，隨著時間影響其穩定性。釉料除了具有密封功能保護盆子之外，還能賦予美麗的裝飾元素。

塑膠盆

從苗圃購買的植物多半是種在塑膠盆裡。這些盆子很實用，有足夠的排水功能，尺寸也適合讓植物先生長幾個月之後才需要換盆，從功能上來看，讓植物待在塑膠盆裡沒有什麼問題，只是它們外型略顯乏味。基於美學角度，你可能想為植

> 素燒盆
> 會從介質中析出水分，
> 所以植物就需要
> 更頻繁地澆水。
> ■

一整排素燒盆、手工盆器、搞怪的咪咪花盆，營造出驚人的展示效果。為它們搭配植物，就能創作出更多趣味性！細緻的瓷碗則是苔球的最佳歸宿。

感生活添加更多令人興奮的元素，比方說運用套盆，也就是將塑膠盆放入另一個好看的盆器內，這無疑是隱藏陽春塑膠盆最簡單方法，這種用漂亮的盆器美化植物的手法也不會對植物造成任何壓力。套盆也能讓澆水這樁差事變得簡單，因為你很容易就能取出塑膠盆，放在水龍頭下或室外徹底澆水。任何盆器都可以作為園藝塑膠盆的套盆，如果塑膠盆能正好貼著套盆內，視覺效果最好。

用印花布或牛皮紙等材料包裹塑膠盆罐也是暫時裝飾植物的好方法，特別是用在送禮。除非盆器已經有內建的水盤，否則就需要定期拆開包裝澆水。

吊盆

對於懸垂生長的植物，可以讓所有美麗葉片層層疊疊向地面流瀉的吊盆是完美的選擇。它們還有助於在展示植物群時創造高度，對地面空間較小的區域來說是理想的選擇。你必須確定吊盆的支架夠堅固，並連接在天花板堅固的橫樑上。在室內給吊盆澆水可能有點棘手，所以要確定你能夠輕鬆解開掛勾，將花盆移到水槽裡澆水。或者，使用沒有排水孔的吊盆，在底部鋪上一層木炭和鵝卵石，避免過度澆水。

自動澆水盆

這種盆子對於健忘的植物爸媽、或者經常旅行的人，以及植物位於難以搆到之處的情況，都非常好用。自動澆水盆有可以裝滿水的儲水系統，但與傳統的上方澆灌相較，定期澆水的頻率會更低。它能緩慢釋放水量，確保植物根部有持續的水分供應。

套盆袋

難以做決定？喜歡定期更換空間佈置嗎？套盆袋可能是你尋尋覓覓的答案。例如 YEVU 品牌設計的狂野迦納風格印花布，還有類似皮革的可水洗紙袋，這些盆栽植物布套的重量輕，超級易於更換植物。澆水也很簡單：只需移除植物布套，將植物放在水槽或淋浴間裡澆水。但是在植物底下一定要放一個小水盤，不要讓套盆袋浸在多餘的水分裡。

籃子

籃子的北歐簡約風格相當迷人，如果你還沒有準備好將大型植物種在又大又重的盆子裡，直接套上輕巧的籃子也是一個不錯的選擇。你可以嘗試到舊物店尋找與植物相襯的籃子，挖到寶的那一刻會很開心！

苔玉

日文的苔玉可以翻譯為「苔球」，是一種日本盆栽型態，用苔蘚和繩子將植物根部和介質綁製固定成球狀。它們可以被懸掛起來，創造一個漂浮的花園，或放在有腳的碗或小盤子上。

難以做決定？
喜歡定期更換空間佈置嗎？
套盆袋
可能是你尋尋覓覓的答案。

換盆

**許多人擔心
重新替植物換盆
會殺死它們，
所以不斷拖延直到植物
出現壓力跡象和疾病**

在盆裡一段時間之後，植物漸漸會長大，需要更多空間伸伸腿。也許你會注意到根從排水孔探出來，或者植物的生長變得遲緩。如果發生這種情況，可能是時候考慮換盆了。

許多人擔心重新替植物換盆會殺死它們，所以不斷拖延直到植物出現壓力跡象和疾病。其實沒什麼好害怕的，一旦植物愉快地在新家裡生長，可以從介質中充分獲取養分和水，就會回饋你的好意了。換盆能替植物注入新能量，鬆開栽培介質，而且最好在春天完成，這樣你的植物就可以把握最活躍的生長期。

不要將植物換到比現有的大太多的盆器。換成大一號標準尺寸的盆器是最好的（大約比現有的尺寸大 5 公分）。過大的盆器和過多的介質可能會讓植物的根系一時無法適應，還會留滯過多的水，使植物產生根腐病。

如何爲植物換盆

你需要：

- 烤肉叉 / 刀子
- 園藝手套
- 剪刀
- 合適的栽培介質
- 一個新盆
- 鏟子

1 鬆開原本盆裡的植物根系。如果是塑膠盆，你可以輕輕擠壓底部；堅固的瓦盆或陶瓷盆，則可以在盆內周圍用烤肉叉或刀子將盆子和介質分開。

2 戴上園藝手套，一隻手放在植物的介質底部，然後將盆子傾斜著倒過來，讓植物慢慢脫離盆子。

3 輕輕鬆開根團。如果植物卡在盆子裡，你可能需要用一點力。修剪根團不是必要的，但可能對植物有益，能促進生長。

4 在新盆底部放一層栽培介質。植物的根部應該完全沒入盆緣下數公分，用這個標準來衡量你需要使用多少栽培介質。

5 把根團放在新盆中央，用鏟子挖取更多栽培介質填滿邊緣空隙。輕輕敲擊盆底，幫助介質落到底部，但是要避免過度壓縮介質，因為必須保持栽培介質的透氣度。

6 給植物澆透水，讓多餘的水排出。

　　這個過程對所有植物都是一樣的，但是給仙人掌換盆可能有點棘手，你需要更小心，避免受傷。使用有襯墊的夾子，甚至捲起報紙來處理帶刺的莖，可以省掉很多椎心之痛！替多肉植物和仙人掌換盆之後，最好先讓植物適應新環境以後再澆水。

每個室內園丁都應該有一套讓栽培照顧更輕鬆的基本工具。從左上角順時針方向：
口罩、黃銅噴壺、手套、錐子、圍裙、剪刀、苦楝油、土壤水量計和木條。

植感天堂裡的麻煩

無論你是親力親為的植物爸媽，或者稍微疏於照料你的植感天堂，事情都有可能會出錯。

在面對自然時，有些事情超出我們的控制範圍，所以從錯誤或不幸中學習是很重要的。不要因為植物死亡而氣餒，因為就連植物達人們也都遇過栽培問題！每一次經驗都能增加你的植物知識，幫助你解決未來可能出現的任何問題。

一般的植物維護對於讓植物有茁壯成長的機會是很重要的。定期檢查植物，能讓你在任何問題變得嚴重之前先一步解決它們。如果在這些問題剛發生時就快速終結掉，將能拯救植物的性命。

保持樹葉清潔，避免累積灰塵，只用濕布或紙巾擦拭葉片即可。苦楝油是很好的通用噴霧劑，能讓葉片光亮，還能幫助植物防禦討厭的害蟲。一看到生病或枯萎的葉、莖或花就馬上移除，防止疾病傳播到植株的健康部位，讓植物健康生長。

「觀察」是室內園藝的關鍵；不只是檢查你的植物，還要看它們對水和光線的反應，留意任何生長變化。如果有狀況時，植物其實多半都能和你溝通，所以如果你知道要注意哪些地方，就已經成功一半了。在下一頁，你會看見某些問題的跡象，以及它們對你和植物本身的意義。

▶ 定期檢查和清潔葉片能讓你在問題蔓延之前就掌握大局，保持葉片健康有光澤，比如亮眼的印度橡膠樹。

一般的植物維護
對於讓植物
有茁壯成長的機會
是很重要的。

黃葉

較老的植物葉子可能會變黃脫落，這是完全正常的。但是，如果有很多葉子變黃，包括新生葉片，那麼植物有可能光照過多。試試將它移動到有散射光的地方，看看是否有所改善。

落葉

這個現象可能很難解釋，也許是澆水過多或不足，所以需要進行一些測試才能確定原因為何。定期將手指插進介質頂層能告訴你它變乾的速度有多快。一般的規則是，當介質上層五公分的部分乾燥時，就最好再次澆水。當許多觀葉植物看起來有點衰弱和下垂時，就是在告訴你它們口渴了，通常在喝完水之後就會立即恢復元氣。最好是在植物出現脫水跡象之前就澆水。在錯誤中學習是摸清楚如何正確澆水的最好方法，所以要堅持到落葉現象停止。

葉子捲曲

這可能發生在植物長期乾旱或低濕度的狀態。試著盡可能定期澆水，並額外用噴霧替葉片保濕。

葉緣變褐色

乾燥的空氣或澆水不足是主要原因。另一個罪魁禍首是過度施肥，葉片因為灼傷使得尖端變成褐色。施用肥料時要永遠遵循包裝上的指示，謹慎為上。過度稀釋總是比過濃來得保險。

枯萎或燒焦的葉子

明顯表示植物太熱了，可能是被烈日灼傷。熱帶觀葉植物尤其容易被直射陽光灼傷，擺放位置需遠離窗戶，因為陽光能透過玻璃產生凸透鏡效果。午後的陽光特別強烈，能損害許多室內植物。

徒長或生長稀疏

表示植物沒獲得足夠的自然光。將它移到光線較亮或光照時間較長的位置。

植物歪斜

某些植物會比別的植物更明顯，這個問題比較屬於美學問題，卻不會讓植物出現任何重大損害。特別是琴葉榕（*Ficus lyrata*），除非定期旋轉，讓植物各個側邊暴露在房間裡最亮的角度，否則可能會變得歪斜。試著在每次澆水時稍微旋轉植物。

根腐病

患了根腐病的植物無法正常從介質中吸收水分和養分，就算介質裡的水已經飽和了，植物仍然看起來像是脫水的樣子。對於這個問題，預防勝於治療，讓多餘水分徹底流掉和定期澆水是避免問題的最佳方法。如果植物還有救，就將它從介質中取出，徹底沖洗根團。用鋒利的剪刀或花剪去除受到影響的根。根據需要剪掉的根團份量，你可能還需要去除三分之一到二分之一的葉子。將根浸入殺菌劑中，殺死任何可能存在的真菌。用消毒劑或稀釋的漂白水清洗被汙染的花盆，以免真菌傳播到重新種好的植物上。

▲ 這株鵝掌藤（*Heptapleurum arboricola* "Variegata"）因葉片朝向光源生長，株型失去平衡。定期轉動植物，以確保平均生長。

◀ 這株成熟的龜背芋由於長期缺水，導致葉片出現棕色邊緣。

常見害蟲

蚜蟲　體型小、軟體的無翅昆蟲，有各種顏色。牠們繁殖迅速，並成群吸取植株葉片和莖部的汁液。用冷水噴灑植物或用溫肥皂水擦拭葉子去除蚜蟲。葉子清乾淨之後也可以噴上苦楝油，防止蚜蟲再次出現。

蕈蚋　這些小飛蟲會在含有有機物的介質裡產卵。你可以看到牠們在介質和葉片上跑，或是在窗戶上爬來爬去。牠們造成的傷害很小，大多數時間只是構成騷擾。你一般必須擔心的是幼蟲而不是成蟲。最簡單的解決辦法是避免澆水過多，因為成蟲喜歡在潮濕的地方產卵。另一個好方法是在盆栽表面舖一層無機物質，如粗沙或石礫，使成蟲誤以為太乾不適合產卵。

粉介殼蟲　這些討厭的傢伙看起來就像小棉花團。它們是身上覆有白粉狀蠟質的微小昆蟲，可以吸收葉片汁液，排出吸引黴菌和螞蟻的粘性殘留物。體型比較大的粉介殼蟲可以用手指移除，建議最好戴上手套；對於較小的蟲子，將棉花棒吸收酒精再抹去蟲子和任何粘性殘留物。

蟲害和病害

身為室內園丁，這些不可避免的擾人問題都是你必須處理的。許多購自花市、苗圃的植物在你帶它們回家之前就已經受到病蟲害影響了，所以在購買之前仔細檢查植物很重要，並注意任何可能生病的跡象。讓新買的植物與家裡原有的保持距離是個好主意，確保它們納入室內植物家族之前是健康的。隔離生病的植物，不讓害蟲傳播。

病蟲害跡象包括：
- 葉子有褐色斑點、孔洞或被啃咬的邊緣。
- 植物上任何地方的昆蟲。
- 葉子上出現白粉或黴菌，表示有真菌感染。

定期檢查植物，在問題蔓延植株，造成長期傷害之前及早發現。病蟲害通常會攻擊弱小或不健康的植株，所以定期澆水和充足的光線可以大幅避免不必要的問題。最好的做法是一看見就要去除枯萎的花朵、葉子和莖，以避免真菌在死亡的植物組織上茁壯成長。如同大多數事情，預防勝於治療。如果你的植物成了害蟲或疾病的受害者，不要絕望，還是有很多解決方案。一般來說，我們建議使用有機方式控制害蟲，用任何化學藥品處理時都必須戴手套和防塵口罩。

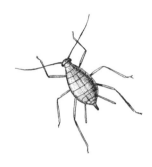

盾介殼蟲 扁平的橢圓形昆蟲，出現在葉片和枝條上，看起來像黑色的小腫包。牠們吸食植物汁液並分泌螞蟻喜歡吃的蜜露。成熟的盾介殼蟲不會移動，覆蓋著堅硬的棕色外殼。你可以用牙刷刮掉牠們，噴上苦楝油，防止再次發生。

紅蜘蛛 專門從葉子背面吸食植株汁液的微小蟎蟲，能使葉片變乾並脫落。你可能會注意到葉片上的紅褐色小點點；如果蟲害嚴重，葉子下面會覆蓋細細的網狀物。施用苦楝油能讓這種害蟲窒息。
假如你的植物狀態強健，就連續三天早晨幫它高壓淋浴，去除蟎蟲。

粉蟲 聚集在葉片下方，以汁液為食並排出蜜露。當你觸摸植物時，牠們會像雲一樣散開。如果牠們正在干擾的植株夠強壯，你可以用吸塵器輕輕吸掉牠們。否則就噴灑苦楝油。

常見疾病

室內植物病害一般由真菌、細菌或病毒引起。先一步杜絕這些破壞性生物的滋生條件是避免植物生病的最好方式。

環境裡有真菌絕不是好玩的事。它在潮濕的條件下茁壯成長，是各種問題的罪魁禍首，包括根和莖腐爛，葉斑及霉變。為避免這些問題，請保持葉子乾燥，維持良好的空氣流通。也許在你擺放植物的位置附近放一個電風扇。循環的空氣將降低盆子周圍的濕度，幫助盆栽表層保持乾燥。如果真菌已經開始發展，最好實際移除病灶，先將植物從栽培介質中挖出或修剪受到真菌侵害的葉子。你還可以在土面噴灑稀釋的醋及撒上小蘇打，能改變介質的 pH 值，形成真菌不喜歡的環境。假設上面的方法都不行，你還可以在園藝店或農業資材行購買天然殺菌劑。

細菌和病毒會導致生長遲緩、變色和畸形葉片。這些病原經由昆蟲傳播，例如蚜蟲和盾介殼蟲，並且不幸的是沒有有效的治療方法。最好的解決方法是快速從植物之間移除受感染的植株，用酒精消毒任何接觸過的工具。

視覺效果

植物具有完全轉化室內空間氣氛的魔法。正如你在之後的頁面中看到的，添加植物能令居家和工作空間充滿生氣。一般的規則是最好建立深度、焦點和有趣的形狀。植物造型的重點在於忠於你自己的品味，創造獨特的風格，無論是狂野的叢林或是若有若無的綠色植感。放膽玩，嘗試不同的做法，看看哪種最符合你想要的氛圍。

將植物群組在一起

你可以思考要佈置的植株形狀，它們是直立的、濃密的還是懸垂生長的？葉子的質感、紋理如何？顏色和各種型態如何互相映襯？混搭出令人讚賞的室內景緻，或是利用層架，以立體化的方式呈現。將茂密的葉叢放在比較結構性的植物旁，避免植株們排成一直線型態，奇數盆看起來會比偶數盆來得順眼。將植物群組在一起，就能創造震撼的視覺效果。記住，運用大小植株搭配高低錯落擺放。狂野一下，建構貨真價實的叢林。

除了視覺效果之外，將有類似照護需求的植物群組在一起，能創造微氣候，提供必要的濕度，特別是熱帶植株。具有相同澆水需求的植物比鄰而居，澆起水來也會更容易。

將植物群組在一起
就能創造震撼視覺。
記住，運用大小植株
搭配高低錯落擺放。
狂野一下，
建構貨真價實的叢林。

焦點植物

室內植株就是最美的裝飾，能夠營造出蓊鬱的空間，無論是單獨擺放或作為群組的一員，大型榕樹或白花天堂鳥都很容易成為視覺焦點。

置於立架上

為植物增加深度和高度的好方法，是藉助位置適當的植物立架。這些配件本身就很漂亮，還提高了在現有家具周圍放置植物的靈活度。從木材到更具建築風格的架構，選擇琳瑯滿目。你可以混搭不同高度、形狀和材料的立架。

懸掛或垂吊

毬蘭、黃金葛或愛之蔓（*Ceropegia woodii*）等植物就非常適合這個方法。將一些懸垂型植物組合在一起成為漂浮花園，或讓藤蔓從書架一側向下流瀉。有些藤蔓很適合順著牆面生長，或經由幾個小鉤子的幫忙圍繞住鏡子。

沙漠植物窗台

一系列仙人掌和熱愛陽光的多肉植物看起來既前衛又充滿圖像感，放在窗台上非常完美。這樣做不僅能創造出美麗的輪廓，還能讓這些沙漠居民吸收到必要的光線。混合形狀、紋理和高度，增加視覺趣味。

繁殖基地

一個添加更多綠色植感的簡單方法是將剪下的枝條放在別緻的玻璃瓶中，觀察它們發根。與切花不同之處在於它們會繼續生長！一旦它們被移入盆裡，你就只需要用新的插條再度填滿花瓶，看著你的室內叢林迅速繁殖。

▲ 簡單的植物群組範例，三是完美的數量。
◀ 將木頭立架上的波士頓腎蕨放在藝術畫作旁邊，能形成大膽的視覺焦點。

觀葉
植物

FOLIAGE PLANTS

觀葉植物富有紋理、圖像感、以及茂盛的葉片，是數量及種類都最多的室內植物群。從鐵線蕨（*Adiantum raddianum*）精緻的葉片到宏偉的芋屬植物（*Colocasia*），任何空間和氣候都有適合的觀葉植物。

葉片豐茂有份量的植物，如琴葉榕和龜背芋之所以極受歡迎是有原因的；這些漂亮寶貝能在瞬間改變空間的動感，它們所在之處，必會引起人們的讚嘆之情。

懸垂生長的美麗植物，例如心葉蔓綠絨（*Philodendron cordatum*）、毬蘭屬（*Hoya*）和黃金葛能為剛硬的表面帶來些許叢林野性，是書架和視聽娛樂設備的完美伴侶。這些植物可以一路拖曳到地板或定位在家具和牆壁上。它們也很容易繁殖，進一步擴大你的收藏。

富圖像感的觀葉植物，如秋海棠屬和椒草屬，和其他植物群組在一起時能增加質感和趣味，你的辦公桌可能非常需要這些繽紛揮灑的色彩。如果你想加上額外的視覺震撼，許多植物都有斑葉品種，為你最愛的植物增添更多顏色和紋理。混合不同的質感、顏色、形狀和高度能提供視覺吸引力，所以不要害怕，放手一試。

在本章中，你會看到我們精選出最喜歡的觀葉植物，但是市面上有數百種可供選擇的品種，替你的收藏增加陣容。一旦開始，這個嗜好非常容易上癮，你會覺得生活中的觀葉植物永遠不夠！

從鐵線蕨精緻的葉片到宏偉的芋屬植物，任何空間和氣候都有適合的觀葉植物

▶ 觀葉植物有多種形狀、顏色和質感，成群聚集在一起的效果令人驚嘆。它們也是很棒的室友，能淨化空氣，增加良好的氛圍並激發創造力。

Fatsia Japonica 'Spiders web'

八角金盤

說到令人印象深刻的葉片，我們馬上想到八角金盤。它茂盛的葉叢就像吃了重肥的鵝掌柴屬（見第72頁）。斑葉品種葉片上有向中心逐漸消失的漂亮斑點。在合適的條件下，富光澤的革質葉子可以長到30公分寬。八角金盤最好搭配最簡單的花盆，讓葉片成為視覺焦點。

光照
明亮，散射光

水量
中－多

介質
排水良好

光照	水量	介質
低一中	低一中	排水良好

Epipremnum aureum

黃金葛

黃金葛的葉片為箭頭形狀並富有光澤，綠色和金色交錯，十分賞心悦目。它可以懸垂生長或往上攀緣，生性強健，不需太多照護就能在弱光下茁壯成長。黃金葛不僅是只有張漂亮的臉蛋，還能以高超的空氣淨化技巧保持室內清潔。在野外甚至可以長到 12 公尺，但在室內可能短一點！雖説如此，這個生長快速的植物很華麗，還能為生硬的柵欄、層架帶來茂盛的綠意。

Strelitzia

白花天堂鳥 / 天堂鳥

天堂鳥是壯觀的熱帶開花植物，能在家中任何陽光充足的地方茁壯生長，成為視覺焦點。它們喜歡光線明亮的環境，也可以忍受一些強光，因此種在窗台是很理想的位置。常見的種類有較寬的槳狀葉形、開白色花的白花天堂鳥（*Strelitzia nicolai*），以及身材較小，具有代表性橙色花朵的黃花天堂鳥（*Strelitzia reginae*）。當光線不足，這兩者都不容易開花，不過光是欣賞漂亮的葉片，或許就可讓你忘卻沒有開花的遺憾。

光照
明亮，半直曬

水量
中等

介質
排水良好

光照	水量	介質
明亮，散射光	中等	排水良好

Piper kadsura

風藤

風藤是令人嘆為觀止的攀爬植物。它來自於東南亞，美麗的蠟質綠葉會從花盆向外探出來，直闖入你的心底。更棒的是，這種可愛的觀葉植物很容易照護，因此即使是手指不那麼綠的人也可以輕鬆栽培。從層架或立架上向下拖曳，是欣賞這種華麗藤蔓的最佳方式。

Heptapleurum arboricola

鵝掌藤

照顧起來輕鬆容易，它的葉子形狀就像是每個人都有的雨傘，除了綠色，還有許多不同斑葉品種，可以為你的室內叢林增添圖案和趣味。但是要記得，光線太弱會導致植物徒長和鬆散，所以最好放在光線明亮的地方。如果你在澆水方面有點健忘，這一屬植物因為較耐旱，可能會讓你更容易懈怠，但還是建議要定期澆水，以防止紅蜘蛛這類蟲害。

光照
明亮，散射光

水量
中等

介質
排水良好

光照
明亮，散射光

水量
中一高＋噴霧

介質
排水良好

Alocasia 'polly'

觀音蓮「波莉」

「波莉」品種有非常花哨的葉子。綠底配上白色斑紋讓人想起非洲面具，能立刻提升家裡植物大軍的地位。它適合較有經驗的室內園丁，種起來不算容易。除了高濕度很重要，正確的澆水時間表也是讓它健康成長的關鍵。保持介質濕潤，但不浸滯積水，還要定期為葉子噴霧。

光照	水量	介質
明亮，散射光	中等	排水良好

Monstera deliciosa

龜背芋 / 蓬萊蕉 / 電信蘭

我們最喜歡的觀葉植物之一，龜背芋是設計愛好人士的夢想。富圖像感的光亮葉片以及快速生長的能力，意味著這種美麗的植物是美化空間的完美幫手。它來自中美洲熱帶雨林，能為室內帶來如假包換的叢林氛圍。耐力強、耐寒，不需付出太多心血就能讓它快樂，但是由於生長旺盛，所以隨著植株成熟，需要足夠的空間讓它開枝散葉。

如同大多數熱帶植物，龜背芋喜歡有大量散射光的明亮位置。雖說它長在雨林樹冠下方，卻能使用了不起的氣根伸向光明。光線不足會影響葉片產生那些有名的孔洞。但也要注意陽光直射，因為刺眼的光線同樣能灼傷翠綠的葉子。若要維持龜背芋處於最佳狀態，大約每三個月左右施一次液態肥。

龜背芋的需水量取決於它接收的光量。一般來說，每週澆一次水應該就能保持足夠的水分。先讓它喝飽水，從盆底排出多餘的水分。在下次澆水之前，要先等頂部 5 公分的栽培介質乾燥。

龜背芋成熟的果實口味像鳳梨與香蕉的結合，因此有蓬萊蕉（鳳梨蕉台語諧音）之名。

綠植人

塔妮・卡洛

Tahnee Carroll
室內造型設計師

▲客廳裡和煦的光線使塔妮的龜背芋（*Monstera adansonii* 和 *Monstera deliciosa*）茂盛地生長。
▶慢慢地，她的家裡展示了越來越多有趣的陶瓷收藏。

跟我們聊聊妳自己：個人背景、從事的工作，並介紹一下這次拍照的空間

我是室內設計師，在學校裡是學室內設計的，離開學校之後逐漸走進媒體行業。從助理造型師一路走到現在的位置。我現在負責做造型的大部分是家具和家居用品品牌的大型廣告活動，例如 Real Living 家具公司。我是時尚公民（Citizens of Style）的共同創辦人，這是一間攝影和造型經紀公司，為品牌、藝術家和雜誌創造形象和動態。我住在雪梨市西區一個兩間臥室的兩層樓公寓，同住的還有狗同伴小露，一隻加泰霍拉豹犬和邊境牧羊犬混種狗，和陶藝家室友雲兒・塔克維爾，任職於 Mud Australia 瓷器公司。我們的房子新舊混搭，不拘一格；我擅長路邊發現很棒的東西，但也喜歡昂貴的二十世紀中葉老件和陶瓷。我偏好大地色系、黑色和黃銅配色，每個角落都有很多植物。

室內植物在七〇年代非常風行，看起來這股潮流又回歸了，妳認為為什麼會出現這樣的捲土重來？

我想每個人都厭倦了極簡主義，至少我自己已經膩了。室內植物會再度流行起來，是因為人們意識到它們帶來的好處，尤其是住在城市裡的人。外面有這麼多污染，回到家呼吸新鮮空氣是件令人高興的事。

身為造型師，妳肯定時刻都在創造美麗的畫面，在創造這些場景時，植物扮演了什麼樣的角色呢？

我覺得沒有自然元素，就不是完整的室內空間。對我來說，簡單地添加一棵室內植物也行，無論是用具有雕塑感的大型植物增加室內空間的高度和深度，或者從壁爐或架子上垂瀉而下的藤蔓，一抹綠意能瞬間柔化原本冰冷的空間。

> 我覺得沒有自然元素，
> 就不是完整的室內空間。
> 對我來說，
> 簡單地添加一棵室內植物也行

妳喜歡在生活空間裡被許多植物圍繞。妳認為植物為我們的生活空間（和生命）帶來什麼效果？

這是將真實生命帶入居家環境的方式，而且植物會淨化空氣，讓你感到快樂和健康。當我看到植物在家裡茁壯成長時，就知道我們共存的生活環境很健康，而植物們以潔淨空氣作為回報。

妳如何保持植物健康快樂？

我一直注意它們；由於家裡的光線從夏天到冬天變化很大，所以我需要曉得每一株植物在它位置上的狀況。如果看起來有點缺光，我會將它們移到靠近窗戶的新位置，它們就會馬上振作起來。此外，每個月給它們一些液態海藻肥，補充額外的營養。太陽＋愛＋水＋音樂＝快樂的植物＝快樂的我。

能不能分享幾個替室內植物造型的秘訣？

我喜歡將較小的植物種在好看的陶瓷盆裡，群組在一起。讓較大的植物單獨擺設，就像雕塑作品。

妳最喜歡的室內植物是哪種，為什麼？

哦，那肯定是我的龜背芋了！我有兩種龜背芋，它們既美麗又狂野。我很喜歡大地色系，非常七零年代，所以也許就是為什麼我這麼愛龜背芋；因為它在當年是非常受歡迎的植物。

▲ 不規則的盆栽群組在視覺上很吸引人，並且完美地坐落於有明亮散射光的窗戶下方。

◀ 左上那盆懸垂植物是愛之蔓，在這個居家空間裡佔有顯眼地位。

▲ 床邊有植物夥伴，讓你在美麗的綠色植物旁醒來，還有清淨的空氣伴你入睡。
▶ 龜背芋藉由固定在柱子上獲得支撐。

Spathiphyllum

白鶴芋屬

雖然這種耐寒的植物可能會讓你聯想到經常在賣場、購物中心見到，但請先不要給它打折扣，它能在非常微弱的光線下生長，是最容易照護的室內開花植物之一，而且既茂盛又可愛。雖然它很能忍受你家裡黑暗的角落，但低光量卻會影響植物開花的能力，所以如果你想要看到它們開花，就一定要給予植株充足明亮的散射光。

白鶴芋是毫不掩飾的植物，非常善於傳達自己的需求，口渴時葉子會下垂，但澆水之後就會恢復生氣。如果澆水過多葉尖會變成褐色；若是葉子變得枯萎乾燥，可能就需要好好噴一場水霧，增加空氣濕度。

光照
低－中

水量
中等

介質
排水良好

Zamioculcas zamiifolia

美鐵芋

就算是資深黑手指，也沒辦法種死這個堅韌的植物。即便是少水、光線微弱，美鐵芋總是可以在環境條件不利的情況下，安然過關，讓您沒有後顧之憂。深綠色有光澤的葉子從塊莖上伸展而出，這種植物既硬朗又堅強，能讓你不費吹灰之力替室內添加綠意。一個月澆透一次水，休眠的寒冷月分裡再減少澆水，就是它需要的照護了。它被稱為殺不死的室內植物可不是沒有原因的。

Chlorophytum comosum

吊蘭

吊蘭很容易照顧，能夠面對主人的疏忽。它能在許多環境下快樂生長，適應性極強，除了偶爾出現，但易於移除的棕色葉尖。它的英文名字為蜘蛛植物（Spider plant），指的是懸掛在母株上的高芽寶寶，只要取下這些小蜘蛛另外種植，就可以繁殖成新的一盆，非常容易擴充植株。吊蘭淨化空氣的能力連美國太空總署都說讚，還有什麼植物比它更完美？

光照

明亮，散射光

水量

中等

介質

排水良好

光照	水量	介質
低一中	中等。冬天可以少量，以期開出最好的花朵	排水良好

Hoya obovtata

倒卵葉毬蘭

毬蘭屬的拉丁文（*Hoya*）來自於使這種美妙植物家喻戶曉的人—植物學家湯瑪斯·霍伊（Thomas Hoy）。它的葉片茂盛濃密又厚實，所以很容易被誤認為多肉植物。雖然確實有些毬蘭的葉片厚實，但絕大多數種類的葉片並不厚，包括這款可愛的倒卵葉毬蘭。由於其蠟質的葉子和莖，它的英文名字又叫蠟葉植物（Wax Plant），型態美觀又極有耐力。就算稍微疏於照料，她甚至也有可能獎賞你幾朵花，由五角星組成的漂亮小球，聞起來跟看起來一樣香甜。這樣還不夠，毬蘭屬植物的斑葉品種更將這種低調的植物提升到全新的高度。

Colocasia

芋屬

英文名稱 Elephant Ear，形容芋屬綠色的大葉子就像是象耳。它的家族龐大，葉片有五彩
斑斕各種變化，從草綠色到紫黑色的葉子都有，讓人目不暇給。你要提供比較充足的空間
來種植，因為它可以長到 1.2 公尺高。芋屬有一種傾向，在冬天的休眠期會垂得低低的。
這個現象對新手園丁來說可能相當令人緊張，但這是它們生長週期中完全正常的一部分。
在此期間應該去除任何枯葉並減少澆水。可愛的葉子們將會很快回復原貌。

光照
明亮，散射光

水量
中－多＋噴霧

介質
排水良好，
泥炭混和土

Syngonium

合果芋屬

這個屬是天南星科的一員，它需要的維護相對較少，因此你可以輕鬆地小歇一下，享受綠色或粉紅色的不同品種植株。這種植物非常適合淨化家中的空氣。如果任其發展，它會到處蔓延，因此定期修剪有助於保持整潔的外觀。

Heuchera

礬根

為這株美麗的開花植物敲響叮噹鐘聲！礬根指的是它的藥用根，英文名「珊瑚鐘 Coral
bells」則是根據可愛的鐘形花朵，這棵細緻又大膽的觀葉植物能為你的植物收藏大大增
色。礬根有多種令人印象深刻的顏色可供選擇，從深紫色到檸檬綠和黃色，你可以創造出
自己的礬根彩虹。一般來說，明亮的散射光最適當，但某些深色葉子的品種可以承受少許
直射的晨光。

光照
明亮，間接

水量
中等

介質
濕潤，排水良好

光照	水量	介質
明亮，散射光	中等	排水良好

Anthurium

花燭屬／火鶴屬

花燭不需要太多照顧，耐受度高，喜歡明亮的散射光，當光線越弱，較少開花，只生長葉片，但是要兩者兼備仍然算是相當容易的，注意不要受到陽光直射。
花燭容易得根腐病，所以不要過度澆水，並確保介質排水良好。為了促進最佳的開花效果，請使用含量高的磷肥，每隔幾個月施用一次就夠了。

綠植人

艾瑪・麥克佛森

Emma McPherson
成長營與綠色選物店創始人

▲ 木框上以長長的懸垂植物和斑葉植物裝飾，在開放式的店面不同區域之間提供視覺屏風。
▶ 餐桌上的手工捏製陶瓷。

妳的背景很多元，請告訴我們一點妳之前的事業，以及創建成長營與綠色選物店 The Plant Room 的原因

我的背景真的很多元！過去花了很多年在飯店和活動管理，同時一直在學習真正感興趣的東西，比如形上學、超心理學和占星術。畢業之後，我進入了飯店管理行業，但一直在尋找一些方法幫助了解自己是誰？以及生在這顆瘋狂星球上的意義。在學完所有跟能量有關的研究之後，我發現了完形療法（Gestalt），就此成為我的世界和生活方式。我離開了飯店管理，成為成癮者的治療師。然後有了一個孩子，一切都變了。

我和丈夫決定讓兒子在父母雙方每天都追求快樂、做喜歡的事的家庭中長大。工作不只是工作，而是愉快的生活方式，能夠啟發人心而且有樂趣。對我來說，做設計能達到這個目標，所以我又回到學校進修室內設計。完成學業之後就成立公司，承接住宅和商業客戶業務。

剛起步的時候，我很驚訝人們的家裡沒有植物。我的生長環境有從天花板上垂下來的波士頓腎蕨和牆上的龜背芋，所以遠離自然的生活對我來說很陌生，有點難以理解。

The Plant Room 的出發點是對意識空間的強烈渴望，讓空間能充滿靈魂和創造精神。在我成長的家裡處處都是手工陶瓷、木材製品和植物，對我來說，這些元素使房子有家的感覺。由天然素材製成，並且用心創作的物品充滿了製造者的靈魂，我深信當家裡充滿這樣的物品時，神奇的事情就會發生。The Plant Room 店裡擺滿了各式心愛的家具設計師作品，這些都是出自熱衷工作的職人之手，它們富有一股創作能量，而我們店裡的工作坊和活動就是秉持著這種精神來策劃。

我長大的家裡
處處是手工陶瓷、
木材和植物，
對我來說，
這些元素使我們的房子
有家的感覺。
——

The Plant Room 不只是一家賣植物的店，請說說你們在這個美麗空間裡做的事。

沒錯，The Plant Room 不僅僅是一家零售店。根據不同的人，這個空間似乎在人們的生活裡扮演不同的角色。對某些人來說，這是聊天和喝咖啡的地方；對其他人來說，這是學習和成長的地方。我們與本地社區的關係緊密，定期舉辦工作坊和活動，像是瑜伽和冥想課程，以及纖維藝術工作室，還有關於女性性事的活動。目前進行的則是一系列針對本地 LGBTQI 兒童的晚間活動。我們也辦過許多座談會，從身體形象到如何養出快樂的植物等等。我很樂見人們來 The Plant Room 探索自己，以及理解那些事物對他們的意義。

妳深信人類必須和自然一起生活，那麼請問植物在妳的生活和空間中扮演什麼角色？

植物始終是我生活中很重要的一部分，因此房子裡擠滿了植物。我小時候住在鄉下，大部分時間和週末都在發現新的水窪，和朋友們一起爬樹，從未疏遠自然。所以當我進入設計領域時，訝異於有這麼多人竟然遠離自然，讓我不禁想知道這種脫離對個人的影響，以及進而對社會產生的廣泛影響。

妳的網站上有一句品牌理念「成長就是生命」，能請妳詳細談談這個想法嗎？

我相信進步和進化，我們都在這裡以更有意識的方式成長和生活。The Plant Room 代表我們所做的和銷售的全都來自一個不斷成長的地方。座談會、工作營、店裡地板和架子上的每一樣物品都是一個進化，教育的革命和意識的覺醒。

我想提供一個擁有創作精神的場地，人們走進來之後，感受到與自身和環境的連結，希望人們在此擺脫過度的負擔，與生命、自身和自然產生更多共鳴。我的周遭圍繞著啟發我的人和物，但不僅如此，還希望當他們走進 The Plant Room 時，能夠感受到其中的不同。我們從對話中成長，這些對話讓我們用新的方式思考：唯有透過生活和尋找新事物才能學會這個課題。

植物與手工陶瓷搭配起來十分別緻。艾瑪在她的商店裡大量陳列令人驚嘆的手工製品，
每一件都富有創作靈魂。

艾瑪感覺自己深受大自然吸引，她的空間也確實反映出這一點。她的店令人感到賓至如歸，
選物極美之外，還永遠放著唱片，配上剛沏好的茶。

成長可以來自心碎，也可以來自努力，但無論如何成長都會發生，它是生命的一部分，所以重要的是擁抱它，享受它，乘著浪頭向前進。

我們相信室內植物能改善空間。妳在綠意盎然的環境中工作的心得是？

這種經驗有啟發性、富創意、充滿熱情、開放、誠懇又真實，這就是生命。我們的生命有那麼多時間遠離大自然，我覺得自己很幸運，每天都被它包圍，回到一個感覺充滿活力、充實和完整的地方。我一走進這家店，就馬上覺得和它有了連結，也許只是在聊植物和盆器，但是林林總總加起來之後，就會形成整體的能量和聯繫。

妳最喜歡的室內植物是哪些？

這就像問我最喜歡哪個孩子一樣。我沒有最喜歡的，我熱愛大自然，也熱愛植物。我總是對員工說，如果你不喜歡植物，那就表示正在逃避或拒絕面對自己的某個部分。植物是幫助我有意識地生活、了解自己的另一種工具。話說回來，這又仰賴區域、光線、空間和一個人想從植物裡得到什麼。植物是了不起的存在，對於任何環境或場合，永遠有完美的植物適合它們。

有沒有任何建議送給自認被黑手指詛咒的讀者？

我個人不相信黑手指；在我看來，每個人都有能力與自己的植物建立聯繫。我總是建議客戶觀察並感受植物，留意任何變化。和人一樣，植物也受環境、水、光、溫度、受到何種照顧的影響。留意它們的顏色何時發生變化或葉片開始下垂。對待他們就像是對待家庭的一份子，替它們的葉片撢灰，給它們水和養分。最重要的是，和它們產生聯繫，它們總是會告訴你需要什麼。

我個人不相信黑手指；
在我看來，
每個人都有能力
與自己的植物建立聯繫

波士頓腎蕨
Nephrolepis exaltata

鐵線蕨
Adiantum tenerum

楔葉鐵線蕨
Adiantum raddianum

蕨類

芽孢鐵角蕨
Asplenium bulbiferum

全緣貫眾蕨
Cyrtomium falcatum

　　美國太空總署也盛讚蕨類清潔空氣的能力，它們是你植物收藏的完美成員之一，有造型澎湃的波士頓腎蕨；而纖細豐茂的鐵線蕨則能讓你（借用蕾哈娜 Rihanna《Work》的不朽歌詞）努力、努力、再努力，只為了看見那捧壯觀的綠色鬃毛茁壯成長。

光照	**水量**	**介質**
明亮，散射光	中等＋噴霧	具保濕能力

Platycerium bifurcatum
二歧鹿角蕨

優雅且雄偉，一如其命名由來的動物，二歧鹿角蕨原產於新幾內亞和昆士蘭沿海的熱帶雨林。鹿角蕨通常會附生在雨林樹冠高處的樹幹上。幸運的是，這種附生植物也能適應都市叢林裡的家。它需要每週澆水一次，良好的排水，不要讓它泡在水裡！試著模仿雨林的光線，將二歧鹿角蕨置於稍有遮蔭，偶爾有陽光灑入的地方。

由於鹿角蕨能夠為自己製造堆肥，所以不喜歡被餵食過量，特別是人工肥料，可能會灼傷葉片。你偶爾會在葉子下面看見棕色氈狀塊，不要緊張，這些是繁殖孢子，表示你的植物很快樂。

光照
明亮，散射光

水量
中－高＋噴霧

介質
具保濕能力

Nephrolepis exaltata

波士頓腎蕨

深受維多利亞時代人士的喜愛，這款蕨類植物比較戲劇化，能為你的家增添一抹視覺活力。大而多葉的波士頓腎蕨植物在吊盆或架子上看起來非常美麗，長長的葉子優雅地垂下。就蕨類植物而言，它們的葉片稍微強韌一些，更容易照顧。但是最好還是避免過於乾燥，並定期以噴霧提供它喜歡的濕度。

Pteris cretica

大葉鳳尾蕨

大葉鳳尾蕨也因為瘦長的葉子而被稱為絲帶蕨，這些綠色小精靈的弧形莖條優雅地伸展在主要的葉叢基座上方，看起來格外賞心悅目。身為蕨類植物一員，大葉鳳尾蕨是最容易照顧的蕨類植物之一，生長速度相當慢，非常適合放置在桌面上。它們不喜歡溼答答的介質，但就像它們其他的蕨類表親，喜歡稍微溫暖的溼氣環境。

Polypodium aureum

藍星水龍骨

基部長有毛茸茸就像是腳的肉質根莖。葉子比它的許多蕨類手足更寬，無怪乎它的英文名叫熊掌蕨（Bear's Paw Fern）。其它還有像是兔腳蕨、袋鼠腳蕨，也都有生長在土表面的肉質根莖。這種有點特殊的綠葉生物頗適合作為話題。它們的褶邊葉子增加了吸引力，並為室內叢林提供可愛的質感。

光照	水量	介質
明亮，散射光	中＋噴霧	具保濕能力

Adiantum raddianum

楔葉鐵線蕨

鐵線蕨屬植物從澳洲到安地斯山脈的雨林中隨處可見，共有超過 250 種，包括雜交種「莫克珊夫人 Lady Moxam」。楔葉鐵線蕨的特色是輕巧細膩的葉片，但它是個嬌客，對光照、溫度和濕度變化很敏感，尤其要提供適當的濕度是最大的關鍵。過度的吹風，就有可能讓這株茂盛的蕨類植物化為一把枯葉，所以在照顧有些挑戰性，膽小者慎入。

珍在這個挑高的空間裡置入許多懸垂植物和高大的樹木，使綠色植物發揮到極致。
上圖的大株琴葉榕驕傲地聳立在她的工作室裡。

跟我們聊聊妳自己：個人背景、從事的工作，並介紹一下這次拍照的空間

過去十四年裡，我都在雪梨擔任髮型師，一直很愛被植物、自然、藝術、文化、音樂和創意人士包圍的感覺（還有好喝的咖啡！）。當我獨自成立髮型設計工作室 A Loft Story 時，也想納入所有啟發我的元素，因此創造出這個工作空間，裡面不但有十把椅子，還有義式咖啡吧，很多綠色植物、美麗的壁畫，更棒的是，馬路對面還有一座美麗的公園。我們很幸運，成為這個社區的一份子，跟一群很棒的髮型設計師一起在這裡工作。

妳的空間真的讓人嘆為觀止。說說妳用植物裝飾空間的過程？

我很幸運，因為屋頂有四個巨大的天窗，非常適合植物！我選擇與開放式挑高空間互相襯托的植物，再加上收集的家具。我喜歡用植物的對比形狀玩一些視覺遊戲。最近得到了一株兩公尺寬的壯觀鹿角蕨，安置在四公尺高的閣樓陽台上，俯瞰整個沙龍空間。客戶在洗頭時就可以往上看見它，驚嘆不已。洗頭盆之間的樹樁上則是放了波士頓腎蕨，在客人之間創造屏障，並且在客人染髮時過濾空氣。

屋頂有四個巨大的天窗，
非常適合植物！
我選擇與開放式挑高空間
互相襯托的植物
▬

植物對空間和妳的事業／工作有什麼影響？

一開始，我想創造的是將有害煙霧和混亂減到最少的美髮空間，植物正是解決這些問題的完美方案。它們能過濾空氣，而且安安靜靜地就完成任務；它們確實在各個方面給了我靈感，並且能帶來瞬間的放鬆和平靜。顧客和本地人都愛這個空間，尤其是植物！

植物一直在妳的人生中占有重要地位嗎？

嗯，綠（Green）實際上是我的中間名，所以這一切感覺順理成章！現在有這個巨大的二百四十平方公尺、陽光充足的倉庫可以運用，就對植物越來越著迷了。星期天去逛苗圃是讓我感到罪惡的樂趣，我一直在尋找下一個驚喜的發現！看著每一片新生小葉子展開或新的花朵綻放，能帶來莫大的成就感。每株植物的結構和個性都讓人驚嘆不已。我最喜歡做的事之一就是在放假的時候造訪國家公園、山脈和森林，在大自然的環抱下探險。植物就是我的禪修。

妳最愛哪種室內植物，為什麼？

最近，我為那株 90 公分長、茂盛的玉簾（*Sedum morganianum*，英文名為驢尾巴 Donkey's tail）感到驕傲。如同它的英文名字，它高高地甩著尾巴，傳達旺盛的生命力！我巨大的鹿角蕨名為「喬治國王」，也是我的最愛之一。鹿角蕨的優雅和奇特的葉形讓人感到驚奇，有時我會盯著「喬治國王」連續看幾個小時。還有，琴葉榕巨大的茂密的葉子從如此纖細的枝幹長出來，就像優雅的芭蕾舞者，美麗又堅毅。

戲劇性的特色植物，包括大量懸垂的黃金葛（*Epipremnum aureum*），覆蓋了大面積的廣闊
白牆，成熟的剛果蔓綠絨（*Philodendron congo*）有助於綠化填滿挑高空間。

觀音棕竹
Rhapis excelsa

蒲葵
Livistona chinensis

棕櫚

亞歷山大椰子
Archontophoenix alexandrae

荷威椰子
Howea forsteriana

　　這些熱帶美人令人聯想到從前殖民時代的房間：天花板的風扇懶洋洋地攪動溫暖的空氣，高高的植物長著寬大的綠色葉片。棕櫚在七０年曾經強勢回歸，如今再度蔚為潮流。從茂盛可愛的荷威椰子到輕鬆好種的袖珍椰子，選擇多到令人目不暇給。

光照
明亮，散射光

水量
中等

介質
排水良好

Rhapis excelsa

觀音棕竹

觀音棕竹原產於中國，有好幾個別名，像是：淑女棕櫚，竹棕櫚、扇棕櫚、手指棕櫚……隨便挑一個你最喜歡的！它堅韌的莖覆蓋著一層纖維鞘，讓它為你的室內花園添加包容力和隨和的個性。雖然生長緩慢，扇形葉子卻可以達到三至四公尺高度，不過你得等待十年以上，所以，就像許多室內植物一樣，耐心絕對是美德！

Livistona chinensis

蒲葵

你猜對了，它深綠色的寬闊葉子就像蒲扇，型態構造很有特色。雖然它的拉丁文學名表示「中國」，這種棕櫚實際上在中國東南部、台灣、日本南部、琉球都有分布。它喜歡溫暖的氣候，通常很容易管理，能長成一棵瀟灑的棕櫚，與任何室內空間互相襯托。給它明亮的散射光和排水良好的介質，這款優雅的棕櫚會伴你度過幸福的許多年。

光照

明亮，散射光

水量

中等

介質

排水良好

光照
明亮，散射光

水量
中等

介質
排水良好

Howea forsteriana
荷威椰子

它是澳洲豪勳爵島的特有種植物，生長緩慢，需要稍微費心呵護。只要抱持些許耐心和正確的態度，荷威椰子將能長成你最喜歡的植物朋友之一。不過由於它的根很脆弱，所以如果你實在必須換盆，動作最好輕柔一些。

綠植人

泰絲・羅蘋森

Tess Robinson
設計公司主持人及創意總監

泰絲擅長配置令人愉悅的綠色植物群組。她有一個合作夥伴是受過專業訓練的園藝工作者，
能幫助泰絲保持植物健康茂盛。

妳美麗的工作室充滿好多植物朋友！我們相信室內植物能替空間增色，請談談妳在植物環繞下的工作經驗？

身為植物狂熱分子，對我們來說，工作室裡的叢林跟無線上網一樣重要。就算每個星期得花一個小時給它們澆水，植物仍然是這間工作室裡我最喜歡的部分。它們使辦公室充滿生機，把戶外帶進室內，我們幾乎以為自己是在充滿新鮮空氣和陽光下的戶外工作。雖然沒有證據，但我堅信植物能改變空間的能量，提高創造力、生產力和幸福感，這些都是我渴望 Smack Bang 設計公司天天不斷培養的特點。

Smack Bang 的宗旨是創意，如果植物能影響創意，請問這個影響是什麼？

我認為最簡單的就是植物能幫助放鬆，當我們真正放鬆時，就會有更大的心理頻寬，激發創意。人類和植物是一起演化的，所以也許在我們潛意識深處的某個地方，與植物共享空間比沒有植物的感覺更自然、更安全。

我們從 Instagram 上看見妳的伴侶是熱愛植物的人，植物在二位的生活中扮演什麼角色？

沒錯，不過我的伴侶對植物的癡迷已經更上一層樓了，植物已經變成朝九晚五的任務。我們的房子完全被植物占滿，常常發現自己忙得頭昏眼花，沉浸在植物的照片堆裡，就像父母看孩子一樣。我知道很誇張，但是植物帶給我們好多快樂。

我認為最簡單的
就是植物能幫我們放鬆，
當我們真正放鬆時，
就會有更大的心理頻寬，
激發創意

———

妳認為自己有綠手指嗎？

算是有一點吧！我比較幸運些，因為男朋友拜倫就是園藝家和植物專家，所以當我的綠手指失靈時，就會夾著尾巴把植物帶回家，送進拜倫的植物醫院休養。和拜倫多年共同經營我們的事業 Urban Growers 園藝公司，學到了很多照顧植物的知識。多到有時會驚訝於自己竟然給朋友們提供植物相關建議！

妳最喜歡的室內植物有哪些？

那得看是哪一天了！我是個性派植物的超級粉絲，尤其是散發建築氣息或葉形特殊的種類。此刻我愛的是赫蕉（*Heliconia*）、蒲葵（*Livistona*）和芋屬（*Colocasia*）。

妳有什麼把植物添加進工作空間的訣竅？還有養活它們的方法！

1 如果可以，將綠色植物放在窗戶附近或天窗下保持生長，同時給它們很好的視野。

2 在下雨天裡帶它們出去好好淋一場雨，讓它們狂歡喝飽水。

3 如果植物一年三百六十五天都處於空調環境，就需要輕微的水霧，讓空氣裡有一些濕度，葉片才會快樂。你也可以每週噴一次，有幫於阻止害蟲。

4 每一到兩年重新換盆一次，使用優質的混和盆栽介質。這麼做能確保植物獲得養分，保持良好的保水性。

5 不要過度澆水！室內植物最常見的死亡原因是淹死。兩次澆水之間要確保栽培介質已經完全變乾了再澆。

6 我們也喜歡時不時地給植物施氮肥，能讓它們保持健康、強壯，顏色翠綠。

7 每週至少一次，對他們輕聲說點甜言蜜語。

當種植白花天堂鳥這類喜光植物時，大窗戶是真正的優勢。眾所周知，植物可以提高辦公
環境的生產力並具有安定作用。

▲ 這個明亮的角落安排了虎尾蘭等植物，為會議室提供了一處視覺焦點。
▶ 擺滿多肉植物的陽台上，弦月（*Senecio radicans*）的枝條茂盛地生長。

超原子鵝掌芋
Thaumatophyllum bipinnatifidum
'Super Atom'

春羽 / 大天使鵝掌芋
Thaumatophyllum bipinnatifidum

紅剛果蔓綠絨
Philodendron 'Rojo Congo'

蔓綠絨

心葉蔓綠絨
Philodendron cordatum

小天使 / 仙羽鵝掌芋
Thaumatophyllum xanadu

紅帝王蔓綠絨
Philodendron erubescens

　　蔓綠絨的品種繁多，變化豐富，因此人氣指數爆棚，它們有的像是優雅的淑女，比如懸垂生長的心葉蔓綠絨，還有型態鮮活的紅帝王蔓綠絨等等。這些耐力強、低維護成本的綠色寶石，堪稱是植感世界裡低調的英雄，就算養在室內園丁苦手的家裡，也能閃耀著光芒。

註：蔓綠絨屬內有一部分原來被分到近緣 *Thaumatophyllum* 鵝掌芋屬，但最近 International Aroid Society 國際天南星科協會主張要回到蔓綠絨屬內。

光照	水量	介質
明亮，散射光	中等	排水良好

Philodendron cordatum

心葉蔓綠絨

令人驚豔的心形葉片從層架或立架上完美地向下懸垂，被稱為「室內植物小甜心」可說是名符其實。低維護成本的蔓藤有很多討人喜歡的特點，你可以用小鉤子讓它順著牆面生長，若想營造豐盈的葉叢，摘心會很有幫助。直接用指甲掐，或是拿鋒利的剪刀、花剪，從葉腋（葉子附著在莖上的位置）上方切除，新的莖將從該節點生長出來。剪下來的枝條也不要浪費，它們很容易插在水中生根，繁殖出更多甜心寶貝。

光照	**水量**	**介質**
明亮，散射光	低－中等	排水良好

Philodendron 'Rojo Congo'

紅剛果蔓綠絨

園藝新手請注意，紅剛果蔓綠絨生性強健，是初階入門的好選擇。它的新葉是發亮的深紅色，成熟時能長成醒目的超大綠葉。茂盛的紅剛果蔓綠絨是半蔓性的中型植物，適合任何空間，並且能為清一色的綠色植物群增添令人驚嘆的色彩，空氣淨化能力很強，所以總而言之，它是一位完美的綠色室友。

Thaumatophyllum xanadu

小天使 / 仙羽鵝掌芋

看到這株散發復古感的仙羽，腦中就會自動縈繞著奧莉維亞・紐頓・強（Olivia Newton John）的暢銷歌曲《Xanadu（仙樂都）》！它不具有爬藤性，會往橫向發展，非常適合填滿開放空間。不過具有輕微的毒性，注意不要讓寵物靠近。

光照
明亮，散射光

水量
中等

介質
排水良好

長葉榕
Ficus longifolia

印度橡膠樹
Ficus elastica

榕屬

琴葉榕
Ficus lyrata

　　它們可能是最流行的觀葉植物家族了，從富有光澤和圖像感的印度橡膠樹到復古又有曲線的琴葉榕，它們的美和高人氣沒有極限，而且不光是只有好看的臉蛋而已。這個屬的植物在全球各地的雨林裡扮演重要的生態角色，也值得在你的室內植物群裡佔有一席之地。

Ficus lyrata

琴葉榕

美麗的琴葉榕是植物界的超模，人氣扶搖直上。它性感的提琴形葉子非常復古，即使在最簡約的家裡看起來都很對味。不過，它漂亮的外表可是會叫你忙個不停；琴葉榕是要求很高的女王！它需要很多光照，但又要避免寶貴的葉子受到強烈的陽光照射。每個星期給它好好喝飽一次水，確保頂部五公分深的介質完全乾燥之後再澆水。為了幫助葉子均勻生長，最好定期轉動植株，因為她會向光生長，有可能變得有點傾斜。

光照
明亮，散射光

水量
中等

介質
排水良好

光照	水量	介質
明亮，散射光	中等	排水良好

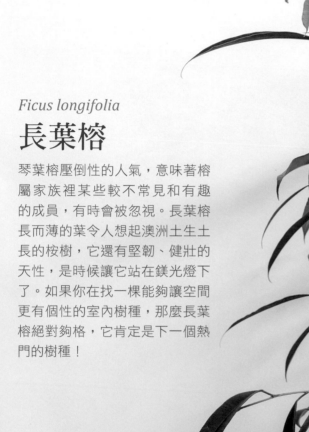

Ficus longifolia

長葉榕

琴葉榕壓倒性的人氣，意味著榕屬家族裡某些較不常見和有趣的成員，有時會被忽視。長葉榕長而薄的葉令人想起澳洲土生土長的桉樹，它還有堅韌、健壯的天性，是時候讓它站在鎂光燈下了。如果你在找一棵能夠讓空間更有個性的室內樹種，那麼長葉榕絕對夠格，它肯定是下一個熱門的樹種！

光照
明亮，散射光

水量
中等

介質
排水良好

Ficus elastica

印度橡膠樹

印度橡膠樹有健壯光澤的葉子和長得又大又漂亮的能力，是很魁梧的樹種。毫無疑問，它看起來很順眼，適合種植於室內。具光澤的大葉子表示它是世界上最能清除空間中有害物的植物之一。印度橡膠樹的維護簡單，它們甚至會對你偶爾的忽視睜一隻眼閉一隻眼。用明亮的散射光和每週澆一次水讓它們蓬勃生長。

如果喜歡有更多圖案和紋理變化，你可以選擇斑葉品種來栽培，例如堤內克 'Tineke' 和檸檬萊姆 'Lemon lime' 品種。只是請記住，要維持葉面上令人讚嘆的斑紋，光照需求上就相對要高一些。

綠植人

理查・昂斯霍茲

Richard Unsworth

景觀設計師和花盆器皿專賣店創始人

理查以他的榕樹收藏而聞名。從巨大的長葉榕（見第 151 頁），到照片裡令人印象深刻的琴葉榕，他深知保持植物健康快樂的方法。

跟我們聊聊你自己：個人背景、從事的工作，並介紹一下這次拍照的空間

我們的店專門服務所有愛好花園和綠色植物的人。作為景觀設計師，我們從世界各地引進大小種類繁多、用於室內外的盆器，將它們集合在這個巨大的倉庫空間裡。這是我們的第三家店，已經開了兩年，有足夠的空間展示不同美感和風格，人們可以來這裡晃晃，喝杯咖啡，慢慢感受這個場地。

如今室內植物很熱門。你認為它們為什麼重新受到喜愛？

我認為人們越來越想尋找安心的感覺和與自然的聯繫，因為城市生活變得越來越繁忙，照顧和培育室內植物能夠帶來成就感、充實感，並且經過證明對健康有益，給空氣補充氧只是其中一個好處！誰不喜歡屋子裡有一棵樹？

你們為了尋找植物盆器長途跋涉，請告訴我們尋找的過程，以及使用正確盆器的重要性（從功能和美感角度來說）。

是的，我們確實到許多地方旅行，尋找獨一無二的原創作品，這是多年來一直喜歡做的事。我主要設計、開發和尋找討人喜歡的物件，特別是有歷史、故事或強烈個性的作品，像是古色古香的土耳其花盆、來自印度的黃銅器皿，或是在傳統的腳踏式轆轤上手工拉出來的摩洛哥素燒盆。

我認為
人們越來越想尋找
安心的感覺和與自然的聯繫，
因為城市生活變得
越來越忙

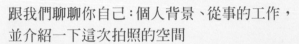

你協助人們用植物填滿他們的居住和室外空間，所以你自己的生活空間也充滿觀葉植物嗎？

　　有趣的是，我的屋裡只有浴室內的一大棵銀色虎尾蘭，但是在花園裡則擠滿了植物！我經常把剪下的枝條帶到室內，裝在花瓶裡；我認為工作空間裡有許多植物就夠了。

說實在的，這幾年琴葉榕無所不在，你也患了琴葉榕疲勞症嗎？人們還能試試哪些被小覷的植物？

　　哈哈，琴葉榕疲勞症，我喜歡這個說法。它們是很棒的植物，但是時候留意琴葉榕的表親們了：試試印度橡膠樹或長葉榕，只要你願意，這兩種榕樹都能當成室內樹木種植。

人們犯的最大室內植物錯誤是什麼？對於維護室內植物快樂健康，你有什麼建議？

　　你需要為空間選擇合適的植物，其實就只是光和水的問題。如果是非常陰暗的角落，就需要可以承受低光量的植物。此外，研究植物的澆水需求。我經常建議人們把植物拿到室外澆濕，並且在每次澆水中間讓植物乾透。我把植物放在浴室裡澆水，它們很喜歡。

你最喜歡的室內植物是哪種，為什麼？

　　長葉榕是瘦長纖細的室內樹種，我喜歡它適應光線並塑造株型的能耐。另外也喜歡簡單經典的蜘蛛抱蛋屬（Aspidistra），在黃銅盆裡放入豐厚健康的植株，視覺效果動人心弦。

理查收集來自世界各地的精美花盆和器皿。這些格外美麗的巨大黃銅和銅壺來自土耳其和
印度，有些曾被用來製作糖果。

圓葉椒草
Peperomia obtusifolia

皺葉椒草
Peperomia caperata

椒草屬

斑葉垂椒草
Peperomia scandens "Variegata"

西瓜皮椒草
Peperomia argyreia

　椒草美麗嬌小，也許不會是你植物收藏裡的高個兒成員，但是它們卻用華美的葉片彌補尺寸的不足。雖然它們的外觀差異頗大，這些小巧的植物都有可愛的厚實葉片。魅力令人難以抗拒的西瓜皮椒草，就像喝上一杯夏日雞尾酒般的夢幻；斑葉垂椒草長而垂曳的枝條也讓人看著就感到目眩神迷！

Peperomia scandens "Variegata"

斑葉垂椒草

心形的綠色和象牙色葉子，加上飄逸的枝條，能讓種植的空間散發出十足的快樂派對氣息。它的英文名稱是邱比特椒草，毫不麻煩的照料方式會一箭射進你的心。這種植物非常適合放在植物架或需要增添活潑氣氛的層架上。它喜歡中等水量，但不會到濕透的程度，也喜歡沒有陽光直射的明亮位置。

光照

明亮，散射光

水量

中等

介質

排水良好

光照	水量	介質
明亮，散射光	低－中等	排水良好

Peperomia caperata

皺葉椒草

來自巴西熱帶雨林的皺葉椒草，因具有波浪狀或深深皺紋的綠葉而得名。它天性堅韌，能夠忍受燈管的照射，這種低維護成本的美麗植物可說是神話般的室內夥伴。它容易發生根腐病，因此介質要保持濕潤但排水良好，避免積水。在溫暖的月分定期施用緩效性肥料，能使這棵尤物處於最好的狀態。

光照	水量	介質
明亮，散射光	中等＋噴霧	排水良好

Peperomia argyreia

西瓜皮椒草

西瓜皮椒草應該不難猜出它的俗名由來，正是因為它們厚實多肉的葉片就像西瓜皮。整體株型不大，但葉片卻能長得很大，看著賞心悅目！只要稍微摸索一下就能掌握它對水和光照的要求，所以慢慢嘗試，密切留意，直到你發現它的生長節奏，付出的心血都是值得的。

鐵十字秋海棠
Begonia masoniana

「希薇亞」秋海棠
Begonia 'Sylvia'

「黑咖啡」秋海棠
Begonia 'Black Coffee'

秋海棠屬

麻葉秋海棠
Begonia maculata

Begonia 'Ideal Constellation'

　　美麗的秋海棠屬有許多不可思議的葉片，能給你的植物收藏帶來奇特的樂趣。它們多采多姿又奔放，雖說人工培育的主要原因是葉片，但也能開出可愛細緻的花朵。秋海棠美得像畫，普遍易於照料，所以是時候認識這個迷人的植物家族了。

Begonia maculata 'Wightii'

麻葉秋海棠

又叫天使之翼秋海棠（Angel Wing），這款波點美人是視覺的饗宴，能瞬間讓空間充滿活力。引人注目的銀色斑點和精緻的白色花朵是麻葉秋海棠的特徵。

它的桿狀莖有相當直立的生長習性，但是也會向外伸展，所以在吊盆或桌面花盆中的效果都很好。這款是最受歡迎的秋海棠品種之一，以耐種和美麗而聞名。

光照
明亮，散射光

水量
中等

介質
排水良好

光照	水量	介質
明亮，散射光	中等	排水良好

Begonia rex-cultorum

蛤蟆秋海棠

蛤蟆秋海棠也稱為花葉秋海棠，以其搶眼、富圖像感的葉片而聞名。它幾乎是因為葉片大且顏色鮮豔，具有觀賞價值而被培育出來，花朵往往很小，也不那麼令人印象深刻。這些特殊的品種具有多肉質根莖，也就是說它的葉及花莖從淺土表面下多肉的、水平發展的葉腋抽出。這個小美女喜歡潮濕的環境，但要避免在葉片上噴水，因為會導致白粉病，汙染美麗的葉子。將這款植物與其他喜歡潮濕的植物朋友聚集在一起，或放在有鵝卵石的水盤上展示。

多肉植物 ＋ 仙人掌

SUCCULENTS
+ CACTI

「多肉植物」是指植物將水儲存在葉和莖，使它們能夠承受乾旱。多肉家族包括仙人掌和大戟屬植物，是可以在室內培養的最多樣化和最有趣的植物大類。它們來自充滿異國情調的沙漠和雨林地區，像是馬達加斯加島到墨西哥和更遠的地方。搶眼又別緻的美感使它們非常適合為你的空間添加個性。說也神奇，這些既迷人又奇幻的進口植物竟然能適應我們的城市生活，只要條件合適，它們就能在最少的照料下茁壯成長。

多肉植物有飽滿多汁的葉子和漂亮的花朵，對於室內空間光照充足的幸運兒來說是絕佳的選擇。從美洲龍舌蘭（*Agave*）到垂曳而下的玉簾（*Sedum morganianum*），這些照料起來很簡單的植物能增加趣味和質感，但要求的回報卻很少。在澆水方面，對新手園丁和有點健忘的人來說是很好的入門植物收藏。美麗的品種不勝枚舉，你肯定會忍不住入手好幾株。

這些既迷人
又奇幻的進口植物
竟然能適應城市生活，
只要條件合適，
就能在最少的照料下
茁壯成長

仙人掌與其他多肉植物的區別在於稱為刺座的小凸起，成簇的刺或毛從中生長。它們能幫助保護植物免受自然環境裡掠食者的侵害，但這些看似無害的尖刺，如果一不留神，還是有可能會被扎傷，讓皮膚疼痛，所以要保持警戒，非常小心。

大多數人想到仙人掌時，腦海中浮現的多半是高高聳立於沙漠中的典型巨人柱（Saguaro）。罕為人知的是，許多仙人掌實際上原產於雨林環境，由此產生兩個不同的仙人掌類別，對光照和水量的要求各有不同。

沙漠仙人掌是這兩個類別中較大的一個。這些愛好陽光的植物喜歡炎熱乾燥，最好讓它們在家中最明亮的區域茁壯成長，位置盡可能靠近光源，陽光充足的窗台最為理想。沙漠仙人掌的莖幹儲水的能力造就了通常呈球狀和柱狀的外型，其中包括眾所周知的品種，例如金鯱仙人掌和高砂。

雨林仙人掌顧名思義，是原產於中美洲和熱帶雨林的仙人掌。它們主要是附生的森林住客，常常掛在雨林樹冠下的樹幹上或懸在岩石上，吸取雨水和周遭腐爛植物的養分，包括自己的死組織。他們需要明亮但是斑點狀灑落的光，而不是刺眼的光芒，因為會灼傷它們長長的肉質莖或分枝。有些雨林仙人掌將刺隱藏得很好，包括絲葦和紫魚骨令箭（鯊魚劍）。

綠植人

卡莉・布特

Carly Buteux
陶藝家和手工陶器工作室創始人

從龜背芋（*Monstera deliciosa*）到龐大的多肉植物和仙人掌，家裡每個角落和縫隙裡都長滿了植物。有許多種在卡莉自己創作的手工陶瓷容器中。

跟我們聊聊妳自己：個人背景、從事的工作，並介紹一下這次拍照的空間

我從事陶藝創作，把時間都花在創作功能性的陶瓷物件，例如馬克杯、茶杯和花盆等等，憑藉著兩隻手處理每一個流程，從轆轤拉坯到手繪圖案和上釉料。我很幸運能在住家兼工作室創作，休息時間就和男朋友喬還有小臘腸狗斑斑在一起。我們的空間是位於街角的老店舖，可愛的老鄰居說這裡從前是一間肉舖。這個簡單的空間有混凝土地板和純白色牆壁，剛好讓我們用最喜歡的植物和手工製品填滿它。我們也很幸運有個藝術家朋友喬琪亞・希爾，在外牆創作了一幅巨大的壁畫，讓這個地方更有特色！

身為手作和創意工作者，植物對妳的工作和生產力有什麼影響？

我認為植物有益於提高工作生產力！用美好的綠色植物包圍自己，是打造舒適和有創意工作空間的完美方式，鼓勵我在工作室待得更久，也更快樂。話雖如此，檢查植物、重新換盆和繁殖植株，也可以幫助你在靜不下來時放慢腳步。

妳創作的許多作品是盆栽器皿，請告訴我們妳的陶藝創作理念，植物又如何和陶藝連結在一起。

我的陶藝創作理念始終與植物有關，最初開始做陶的原因之一就是為了替越來越多的植物收藏打造一個家。我覺得為生命打造住所，是很特別的一件事，可以看著植物在我替它打造的家裡面漸漸成長、改變面貌。我最津津樂道的事情之一就是看到客人選用我創作的盆器種植各種植物，看見不同的搭配組合，感覺很新奇。

▲ 通往閣樓床鋪的梯子是朋友用回收鷹架製作的，它還可兼作植物架。

◀ 在卡莉的家庭工作室裡，層架上放著她的陶瓷作品，右上角還有流瀉而下的漂亮植物。

在這個節奏快速的
數位世界裡，
在花園裡種植物
或照顧室內綠色植物
都是回歸自然的
完美方式。

妳的家和工作室都擺滿了植物，妳認為它們對我們的空間和生命有什麼影響？

我堅信「植物讓人快樂」！它們不只帶給空間新鮮氣息，還有舒壓的效果，讓我們放慢腳步。在這個節奏快速的數位世界裡，進到花園裡種植物或照顧室內綠色植物，都是回歸自然的完美方式。植物讓我們恢復元氣、過著平靜的生活。

妳最喜歡室內植物的哪些方面？

植物在我們的空間中扮演著重要的角色，並且老實說，我們已經對室內植物上癮了！一直不斷擴增植物新朋友，所以也需要各種新盆器來容納它們，為我們的植物做造型。除了使用一些我最最喜歡的 Public Holiday 自有品牌花盆，還有許多是向世界各地的創作家購買或交換來的手作寶貝，擺滿在植物周圍的空間。

妳如何維持植物健康快樂？

因為我們被植物包圍，所以很容易就能仔細觀察它們。我們每天早上都坐在在陽光下享用清晨咖啡，放我們最喜歡的唱片。這是檢查所有室內植物的最佳時機，感覺它們是否需要澆水，或搬到後院度個假，享受充足的陽光。

妳最喜歡哪種室內植物，為什麼？

真難回答的問題！它們每個都有自己獨特的個性，該如何選擇最喜歡的呢？我不能跳過多刺的仙人掌系列，還有絲葦這種有著長長手臂的品種。我花費很多心思在一株小窗孔龜背芋上，那是園藝家湯瑪斯‧丹寧寄給我的枝條，它是令人驚喜的禮物，所以格外呵護，每日不斷學習營造出讓它快樂生活的最佳條件。

▲ 觀葉植物、多肉植物和仙人掌快樂地與住宅裡的書籍和自行車共生。
◀ 卡莉豐富的多肉系列在後院天井做日光浴。

虎尾蘭「月光」
Dracaena 'Moonlight'

美洲龍舌蘭
Agave americana

雷鳥 / 掌上珠
Kalanchoe gastonis-bonnieri

墨鉾
Gasteria obliqua

多肉植物

景天屬
Sedum

彩雲閣／三角霸王鞭
Euphorbia trigona

姬朧月
Graptoveria paraguayense 'Bronze'

　　從外形前衛狂放的彩雲閣到優雅的虎尾蘭，這一組多變而且適應力強的多肉植物一點都不肉腳！它們具有儲存水分的肉質葉片和各異其趣的風格造型，不僅看起來順眼，照顧起來也很順手。其中許多繁殖起來一點都不費力，能在對的環境下蓬勃生長，非常適合節儉的室內園丁。

光照
明亮，散射光

水量
低

介質
排水良好

Ceropegia woodii

愛之蔓

愛之蔓纖細的多肉葉片沿著精緻的枝條生長，就連最堅硬的心弦都會被這株美麗的植物撥動。它長串的心形小葉子和可愛的紫色花朵無論是種在懸掛的花器，或放在層架上讓枝條自然垂下都很漂亮，視覺效果令人驚嘆。明亮的散射光和每兩週澆一次水能讓它強健地生長。另外也有令人驚豔的斑葉品種。

光照	水量	介質
明亮，直接	低	排水良好

Agave americana

美洲龍舌蘭

如果你喜歡異國風植物，但是又沒有太多時間照顧植物，那麼龍舌蘭正適合你。它們品種超多，有各種形狀、尺寸、顏色和質感變化，所以最難的是選擇帶哪一種回家！龍舌蘭也是相當有用的植物，可以用來製作糖和龍舌蘭酒。美洲龍舌蘭原產於美國和墨西哥，但它並不像英文名 Century Plant（百年植物）所説的能活 100 年，頂多 20～30 年。請特別留意，美洲龍舌蘭含有刺激性的汁液，有的還長著銳刺，最好不要種在有小孩和寵物的地方。

光照	水量	介質
明亮，直接	低	排水良好

Sedum morganianum

玉簾

這種景天科植物因為它長而肉質的莖葉，使它得到英文名 Donkey's-tail（驢尾巴）。玉簾是搶眼的懸垂型植物，有華麗的綠豆形葉片，照片裡巨型品種的葉片則更長更厚實。懸垂的小簇花朵為紅色、黃色或白色，於夏末出現。它們能夠讓任何層架或植物立架變得活潑起來。

Dracaena 'Moonlight'

虎尾蘭「月光」

英文名雖然為 Mother-in-law's tongue（婆婆的舌頭），但它不會多嘴表達意見，也不必在它來之前打掃屋子。事實上，虎尾蘭可愛細長的葉子能提亮你的生活空間，直立生長的特性不會佔據太多位置。根據美國太空總署的空氣清淨研究，虎尾蘭具有驚人的淨化空氣效果，可去除 5 種室內空間常見毒素中的 4 種。它也是少數在夜間清除二氧化碳的植物之一，幫助你輕鬆入睡，重點是虎尾蘭不太需要照顧。

光照

低－中度

水量

低

介質

排水良好

光照	水量	介質
明亮，散射光	低	排水性絕佳

Haworthiopsis attenuata

十二卷

最早來自於南非的東開普省，個頭嬌小，生長超慢，是完美的條紋多肉植物。它的葉片尖銳、富圖像感，最高長到 15 公分左右，出奇地可愛，難怪是最受歡迎的多肉植物之一。異國情調的外型加上強韌的天性，拿來當成禮物十分討喜，你常常會在窗台上看見它們種在玻璃微景觀盆栽或成排的茶杯裡。

Senecio mandraliscae

藍粉筆

你首先會注意到的是它亮眼的顏色：海水般的藍綠色將這種美妙的植物與它許多顏色單一的綠色多肉朋友們區分開來。它通常做為戶外的耐寒地被植物，但是也很容易適應室內生活，幾乎不需要維護。這種植物來自非洲南方，對於多肉植物來說，不尋常的一點是它在夏季傾向休眠狀態，於冬季期間生長。另外，它的枝條很容易扦插繁殖，是你能夠與朋友輕鬆分享的可愛植物。

光照
明亮，
散射光－直接

水量
低

介質
排水良好

光照	水量	介質
明亮，散射光	低	排水良好

Senecio radicans

弦月

如果你還沒迷上多肉植物，那麼「弦月」肯定會讓你心醉神迷。它來自南非，生長在乾旱的沙漠和較接近熱帶氣候的環境裡，是富異國情調的懸垂型多肉植物。它不僅比外型相似的「綠之鈴」更容易照顧，生長速度也很快，不知不覺就能垂到地板上，即使是黑手指也能順利養活。有趣的是，在冬末初春開花時，花朵氣味聞起來像肉桂。

光 照
明亮－中等

水 量
低

介 質
排水良好

Gasteria obliqua

墨鉾

外觀上有些類似蘆薈，但較為稀有，因為外型的關係，英文名取為 Ox tongue（牛舌），
正式學名也取自拉丁文的「胃」，暗示其花朵的囊狀形狀。撇開名字不談，這種有趣且低
維護成本的多肉能夠忍耐低光照條件，是很堅毅的室內植物。它們的生長條件類似十二卷
（見第 183 頁），兩者皆是耐命的植物好夥伴。

光照	水量	介質
明亮，散射光	中等	排水良好

Euphorbia trigona

彩雲閣 / 三角霸王鞭

這是一株仙人掌嗎？還是一棵樹？都不是！這個會開花的大戟屬由兩千多種外觀差異很大的種所組成。它們在熱帶亞洲的大自然裡生長，在非洲東南部和馬達加斯加也很常見。這群植物外型亮眼醒目，能為你的空間創造話題。它們喜歡明亮的環境，所以一定要放在明亮但有散射光的位置。照顧上，大約需要每週澆一次水，在較冷的月分減少澆水，但它們也不喜歡過於潮濕，所以要確保栽培介質在兩次澆水之間徹底變乾。如果你想看到它真的長大、長大、再長大，就可以每年重新換盆一次。每隔幾個月施一次肥也能促進成長。

Sempervivum arachnoideum

蛛絲卷絹

乍看之下，可能以為植物上面結滿蜘蛛網，覆蓋它們的網狀結構實際上是聚生在葉片表面的毛。有一個傳說聲稱，當它們長在屋頂上時，會保護屋內居民不受巫術和震驚侵擾。蛛絲卷絹來自阿爾卑斯山，亞平寧山脈和喀爾巴阡山脈，因此可以承受攝氏零下 12 度的凍寒溫度；另一方面，又能承受高達攝氏 40 度左右的高溫，生命力就像鐵釘一樣堅硬。

光照

明亮，散射光

水量

低

介質

排水良好

光照
明亮，直接

水量
低

介質
排水良好

Echeveria

石蓮屬

這個漂亮的屬以墨西哥植物藝術家阿塔納西歐・艾切維利亞・依・戈多意（Atanasio Echeverría y Godoy）的名字命名，有著迷人的蓮座狀葉子。它們喜歡鎂光燈下的生活，所以應該放在明亮的地方，以早晨的陽光最為理想，但要注意午後強烈的光線可能會太熾熱。除了這一點之外，它們並不嬌貴，維護成本通常很低。避開蓮座叢直接在栽培介質上澆水，並去除植物基部可能吸引粉介殼蟲之類害蟲的枯葉。

光照	水量	介質
明亮， 散射光－直接	低	排水良好

Kalanchoe gastonis-bonnieri

雷鳥 / 掌上珠

美麗的斑葉有著天鵝絨般的質感，生長快速的它，葉子可以長到 50 公分。正是這種葉片形狀和質地賦予雷鳥 Donkey ears（驢耳）的英文俗名。

它很容易栽種，看起來賞心悅目，會開花的異種更是誘人，花朵色彩鮮豔，花期持久。它們喜歡有明亮陽光的位置，比如窗台；而且如果放在能充分展示美麗葉片的盆栽立架上，看起來會更出色。

伽藍菜屬很擅長告訴你它們需要什麼，所以你必須看得懂各種跡象：如果頂部的葉片開始下垂，就表示它有點口渴了。話雖如此，這些植物卻也不是水桶，所以在整個夏天裡每兩週澆一次就行了，冬天更要減少澆水，讓介質表面在每次澆水之間完全變乾；夏天每兩週施一次液態肥或緩效肥料。

雷鳥誘人的葉子看起來很漂亮，但有毒，所以請確保你好奇的毛小孩不會啃它。

綠植人

卡拉・萊莉

Kara Riley

攝影師

波西米亞風情瀰漫在卡拉的家中。她的住家就像城市中心乍然出現的鄉村小屋，填滿復古的小擺設、書籍、美麗的陶瓷器，當然還有大量的植物。

跟我們聊聊妳自己：個人背景、從事的工作，並介紹一下這次拍照的空間

我過去幾年以攝影為生，但是從以前就喜歡拍攝周遭的生活，藉此思考和吸收各種事物。我是出於骨子裡的藝術家，幾乎影響我所做的所有事情，無論是在速寫本上畫畫、閱讀和咀嚼一本好書，或擺設和拍攝我的室內植物。

我和男朋友埃德里安還有小狗住在位於雪梨城內西區 1870 年代的鐵匠小屋。在看到它的那一刻就立刻愛上，這裡有許多獨特的小角落可以放植物，整個室內空間都是由美麗的老木頭搭建而成。它讓我聯想到鄉間小木屋，是喧囂城市中的小小避難所。

植物是妳作品中的靈感來源，這場愛情故事是如何發生的？

我在國外生活一年之後，搬回來時也帶了一具膠卷相機，並且帶著它到處跑，主要是在雪梨有趣的街區裡四處漫步。我認為這個做法能適應重新搬回來的生活，也開始注意到周遭環境裡這麼多美好的事物，尤其是富有奇趣的房屋前的花園和茂盛的植物。我喜歡看人們的植物收藏，有些是經過巧妙的考慮，而很多似乎是偶然長成，或是由多肉植物插條和開滿花的野草拼湊而成。我的迷戀就此開始！

為什麼你如此喜歡拍攝植物？

我喜歡植物和人一樣有許多個性，而且它們總是乖乖讓我拍肖像！近距離觀察它們的微小特徵，讓我記得放慢腳步，專心觀察。一旦開始熟悉不同品種的植物之後，就會在各處留意到它們，就連意想不到的地方也看得見。我很愛拍攝看起來像是長錯了位置的植物，把畫面重點拉到城市生活與自然世界的對比，像是停車場的雜草也可以是最美麗的主角！

> 我也開始注意到
> 周遭環境裡
> 這麼多美好的事物，
> 尤其是富有奇趣的房屋前
> 的花園和茂盛的植物。

妳的屋子像是一座室內叢林，妳認為植物對我們的空間和生活有什麼影響？

植物絕對讓我感到快樂！它們有徹底改變房間氣氛的力量。有植感的室內空間也具有讓人平靜的元素，特別是在城市裡。我認為每個人至少可以擁有一株室內植物，從照顧和欣賞植物中獲得益處。

此外，植物對健康的好處不勝枚舉，像是室內植物能淨化家中空氣，藥草植物也有驚人的治療和藥用特性。

妳如何維持植物健康快樂？

個別了解每一種植物，包括留意它們喜好的澆水頻率，或移動它們，看它們最喜歡哪個位置。我根據自己為植物想像的個性替它們取名，然後在澆水時和它們聊聊天。

在造型室內植物時有什麼祕訣嗎？

選擇合適的容器是關鍵！我喜歡天馬行空的尋找各式容器，而不是單純使用花盆，例如來自二手商店的錫罐或瓶子，還有放在花盆周圍的柳條籃子。另外，我也會將枝條放入水裡，用透明的玻璃瓶展示它們，看著根系蓬勃生長真是不可思議！在我心目中，理想的環境是有足夠的自然光，能把植物放在房子的每個角落，或者是將它們成群放在窗戶附近的效果也很好。還有幾棵植物是放在靠近窗戶的踏腳凳或小件家具上，使它們離陽光更近。

妳最喜歡的室內植物是哪種，為什麼？

我最喜歡的室內植物是黃金葛（*Epipremnum aureum*），尤其是斑葉品種。它們很容易生長和維護，我喜歡它們懸掛在天花板和順著房間攀爬的特性，讓植株能填滿空間。

綠植人有一個特點：他們通常也是愛狗人，所以有許多狗是以植物命名的。卡拉的狗小柳從她最喜歡的紅剛果蔓綠絨（*Philodendron* 'Rojo Congo'）後面偷看。

赤烏帽子
Opuntia microdasys subsp. *rufida*

紫魚骨令箭 / 鯊魚劍
Selenicereus anthonyanus

黃金司
Mammillaria elongata

仙人掌

大花犀角
Stapelia grandiflora

金鯱
Echinocactus grusonii

高砂
Mammillaria bocasana

　多刺、富雕塑感、喜歡乾燥,這些植物是常常忘記澆水的人們不可多得的恩物。從圓球狀的金鯱到瘦長的大花犀角,有無窮無盡的品種可以選擇,是不是每一種都想來一棵呢?雖然它們會讓被刺到的人哇哇大叫,但是這些刺是為了抵禦以植物為食的敵人,幸好它們美艷的花能給你一吻,讓人忘記尖刺帶來的痛處。

光照
明亮，直接

水量
低

介質
排水良好

Selenicereus anthonyanus

紫魚骨令箭 / 鯊魚劍

鋸齒狀的葉片外型令人愛不釋手，它還具有易於照顧的優點，極為耐寒，因此成為任何生活空間裡的絕佳收藏。附生的紫魚骨令箭偶爾會開花，但只在晚上開，而且 24 小時之後就凋謝了，所以如果想賞花，當你看到花苞時就要保持警覺了。將它搭配其他懸垂植物一起佈置，畫面會很別緻，即便是單獨懸掛一盆也非常吸睛，只是要小心那些藏在凹處的尖刺。

光照	水量	介質
明亮，直接	中等	砂質＋粗礫

Echinocactus grusonii

金鯱

金鯱（*Echinocactus grusonii*）在英文裡是金桶仙人掌（Golden barrel），因其金色的肋和刺而得名。它來自美國南部和墨西哥的沙漠地帶，偏好炎熱乾燥的氣候。一旦種植在適當的仙人掌盆栽混合介質裡就一勞永逸了，你可以忘記它們的存在。這種仙人掌最多可以活三十年，雖然生長緩慢，但是堅持終將會得到回報：二十年後它們就會開花！讓你的金鯱遠離濕氣，確保它有良好的排水，是讓它開心的關鍵。不要讓它泡在水裡或讓盆底殘留任何水分，否則會造成根腐病。

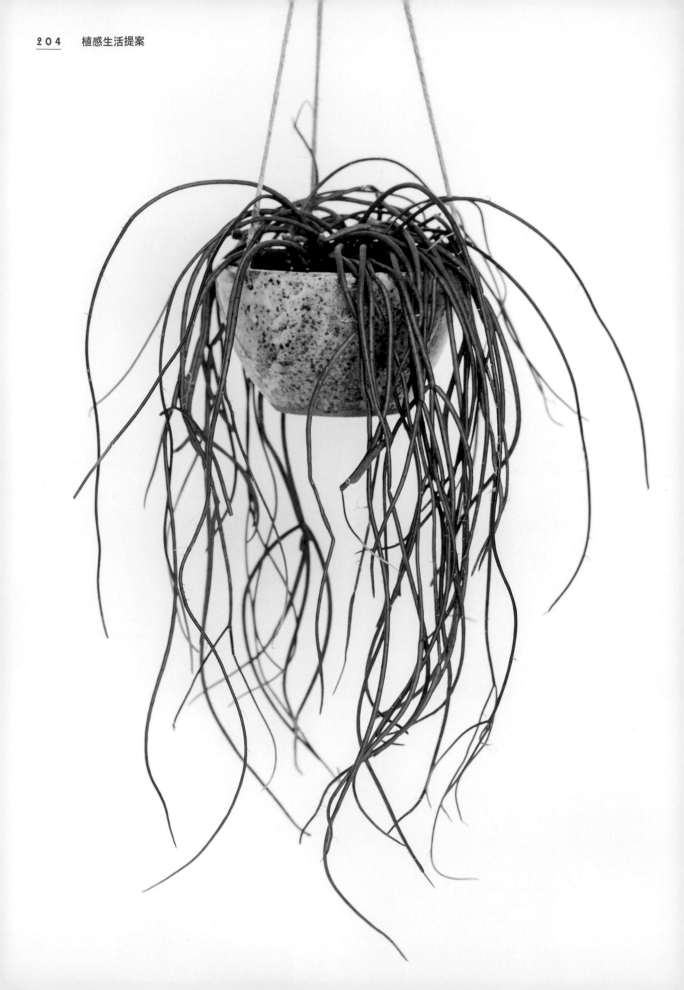

光照	水量	介質
低-中等	低	排水良好

Rhipsalis baccifera

絲葦

絲葦的樣貌就像怪人合唱團（The Cure）主唱羅伯‧史密斯的髮型。它喜歡潮濕的環境，也能接受種在較陰暗的角落，所以是浴室的最佳點綴，能為居家空間帶來非常棒的綠意裝飾。

此外，如果你渴望為沒有窗戶的辦公隔間添加綠意，它會是可愛的辦公桌夥伴。它需要澆水，但如同所有仙人掌，討厭泡在濕濕的介質裡。由於它是雨林仙人掌，直射陽光對它們肉質的細長手臂來說太強烈，所以應該將它安置在可以接收到適度散射光的地方。

綠植人

喬吉娜・立德

Georgina Reid

網路雜誌創始人和編輯

喬吉娜鼓勵她的植物們以最野蠻的自然方式生長。它們有點像她,樸實又狂野。不拘一格的
綠色植物賦予她的倉庫工作室原始叢林的感覺。

你創辦的 The Planthunter 網路雜誌探索的是植物與人之間的關係。生活中充滿植物對人類有什麼好處？

雖然人與植物之間的聯繫常常難以言喻或量化，其實卻是非常深刻的。首先，如果植物不存在，我們也就不存在。這個理由就夠鞭策我們過著被植物包圍的人生了，對吧？其次，照料植物能夠體會許多關於生命之間錯綜複雜的聯繫。詩人史坦利・庫尼茨（Stanley Kunitz）曾寫道：「宇宙是一張連續的網，觸碰任何一點都能令整張網顫動」。我喜歡這句話，因為它描繪出所有生命之間都有連結，彼此的關係既美妙又脆弱。植物和園藝活動以某種方式教會我們生活、打開眼界，少有其他活動具有同樣效應。

另一方面來看，與人類為伴的植物是否也得到了好處？

我想這要看是哪一方面了。室內植物需要人類，否則它會因為缺乏養分而緩慢的死亡。但顯然人類並非總是善待植物，數百萬棵矗立在森林裡、河流沿岸、叢林間的樹木曾經活過幾世紀，卻因為人類的慾望而被夷為平地，像它們就沒有因為人類而得到好處。

妳最喜歡的室內植物有哪些？

我愛毬蘭屬植物。它們低調、美麗、堅韌。然後是絲葦屬，我有很多種絲葦。還有鱗葦屬（*Lepismium*）、椒草屬（*Peperomia*）等等。我全部都愛，而且會在客廳和廚房輪流展示植物收藏。

如果植物不存在，
我們也就不存在。
這個理由就夠鞭策我們
過著被植物包圍的人生了，
對吧？

妳對養出健康植物的首要建議是？

不要給植物過度澆水！記住，住在室內對植物來說已經很難了，事實上並沒有室內植物這樣的品種。能在室內生存的植物只是比其他植物更能容忍微弱光線和惡劣的條件。最好時不時把它們放到室外度個假，如果辦不到的話，至少給它們洗個澡！

妳認為植物能啓發妳的創造力嗎？能不能討論一下這個過程？

它們當然能！我一直很愛植物和自然，並且受到它們的啟發。我還是小孩的時候就愛壓花和在花園裡幫媽媽。成年之後則為別人設計花園、書寫關於植物和創造力的文章，並成立 The Planthunter 網路雜誌。植物造就了一部分的我；它們是我的繆思。

喬吉娜自豪地站在通往天堂的階梯上。她收集了美妙絕倫的蕨類植物、秋海棠、蔓綠絨、
絲葦、植物書籍，甚至數根外型具戲劇效果的銀白色羽穗。

Stapelia grandiflora

大花犀角

美麗但有點刺鼻，這種快速生長的直立多肉植物已經發展出有趣的方式來吸引昆蟲。它在某些方面類似食蟲植物，壯觀的花朵能散發腐肉的惡臭，吸引蒼蠅停留，幫助授粉。欣賞花朵盛開的奇景時，最好保持安全，將它放在層架高處上是個好主意。雖然它的維護成本通常很低，但是根部容易受到害蟲的侵襲，因此請確保栽培介質排水良好，若有需要，最好在澆水時添加水性殺蟲劑。冬天可以完全停止澆水。

光 照

明亮，
散射光－直接

水 量

低

介 質

砂質＋粗礫

光照	水量	介質
明亮，散射光	低	砂質＋粗礫

Mammillaria bocasana

高砂

乳突球屬裡面有 200 多個物種，高砂是其中一個超級甜美的種，來自美國西南部和墨西哥的沙漠，是不需你操心的室內花園一份子。嬌小低矮的水桶身形，高度從 1 ～ 40 公分，寬度從 1 ～ 20 公分。除了賞心悅目的株形之外，它們還會開出美麗的粉紅色或紫色花朵，像皇冠一般蓋在頭頂。深冬時最好暫停澆水，誘使美麗的花朵綻放。

光照	水量	介質
明亮，散射光－直接	低	砂質＋粗礫

Opuntia microdasys subsp. *rufida*

赤烏帽子

赤烏帽子的莖節形狀就像是可愛的兔子耳朵，而且超級容易打理，可以輕鬆納入室內植物收藏。但是要注意！它們全副武裝，身上危險的刺比頭髮還細，輕輕一碰就會大量脫落。這些細刺會引起非常難纏的皮膚刺激反應，因此接觸時千萬要謹慎。春天和夏天時，每隔一次澆水的時候用稀釋的室內植物肥料或仙人掌肥料幫它補充營養。

植株有時會受到害蟲的騷擾，例如粉介殼蟲和盾介殼蟲，你可以用棉花棒蘸酒精移除牠們。建議應該每隔一到兩年重新換盆。除此之外，這些植物還很容易繁殖，只要取下一片莖，讓傷口靜置乾燥之後種在仙人掌和多肉植物栽培介質中，至少等待一到兩週，讓它長出少許根之後再開始定期澆水。一旦穩定之後就不需要經常澆水了，秋季和冬季每三到四星期澆少許水即可。

珍奇獨特
的植物

RARE
+ UNUSUAL

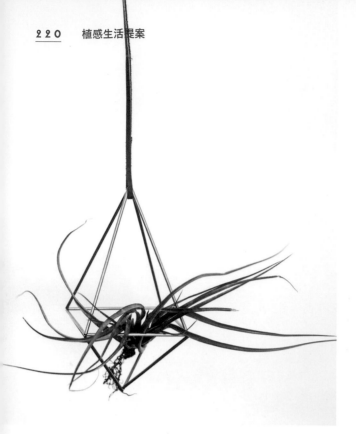

當收集不尋常的植物
變成一種痴迷，
你會不斷想要造訪
苗圃、花市、網路賣場，
尋找珍奇的品項

　　許多植物無法確切地做歸類，但仍然值得我們花點時間留意。這一章裡的植物是屬於生長習性比較奇特、造型又很有趣的室內植物，適合喜歡與眾不同的人。

　　不可否認，能不靠土壤生存的植物確實令人好奇，空氣鳳梨就是有這種能耐。它們是附生植物，意即它們能附著在其他植物（或岩石和人造結構）上存活，從周遭的空氣和水分中獲取養分。

　　空氣鳳梨少了裝滿土壤的盆器限制，展示這些奇特植物的方式無窮無盡，用最細的釣魚線懸掛起來創造出漂浮在空中的室內花園，或端坐在鐵絲支架上，你的空間肯定會因為加入了這些富圖像感的迷人植物而增色不少。

　　這一章裡也有食蟲植物，因為它們不是普通的室內植物，照護起來也得多花點心血。發掘和培養食蟲植物很快就會讓你上癮，並且在家裡擺滿它們！

　　你只需要瀏覽一下社群媒體就能看見鏡面草（Pilea peperomioides）瘋狂流行的程度。我們覺得它值得特別被點出來，不僅因為它難以取得，還因為它美麗的故事。漂亮的鏡面草原產於中國，當初是出於一番美意被傳入斯堪的納維亞半島（Scandinavia）及其他地區。據說挪威傳教士艾格納・埃斯佩格倫（Agnar Espegren）在一九四六年將它從中國帶回挪威。周遊中國的埃斯佩將鏡面草的幼苗分送給友人，讓它廣為流傳於家鄉；如今它是常見的窗台植物，並且在當地它被稱為傳教士植物。

　　當收集不尋常的植物變成一種痴迷，你會不斷想要造訪苗圃、花市、網路賣場，尋找珍奇的品項。當你第一次觸摸到這些罕見植物並將它們納入收藏時，會油然生出一股成就感，所以開始出發獵奇吧！

空氣鳳梨

空氣鳳梨時尚而且超級容易照護（它們甚至不需要土壤），是植物收藏裡有趣的成員。它們有許多迷人的形式，包括從南美洲老樹上傾瀉而下的松蘿鳳梨到瘋狂扭曲的霸王。它們原生於美國南部、墨西哥、中美和南美洲，是鳳梨科的一屬。

幫空氣鳳梨澆水有幾種不同的方式。最常見的是將它們浸泡在水中，浸泡時間長短和頻率各有不同（可參考後面各種類的澆水說明）；另外還有快速過水的方法。無論使用哪種，重要的一點是將空鳳倒置並輕輕甩掉多餘的水分，讓它們完全乾燥，以避免中心積水腐爛（理想的情況是倒置一夜），然後放回原處。新添購的空氣鳳梨建議到家當天就澆水，因為它可能在運輸過程中變乾了。若是天氣特別熱，你也可以在兩次澆水之間噴霧。需要注意的是，他們不喜歡氯化水，所以在浸泡或噴霧前先將自來水靜置 24 小時。

空氣鳳梨很喜歡微風，所以讓它待在通風良好的環境中很重要。一般的法則是，較綠的空氣鳳梨往往會更快變乾，而偏白銀色的種類則較耐旱。

快樂的空氣鳳梨會間歇性地開花，凋謝之後可輕輕剪除。它們長出小側芽，當幼苗達到親株的一半大小，就可以輕輕地從親株掰下來獨力生存，繁殖他們就是這麼輕鬆簡單！

空氣鳳梨懸掛在任何道具裡看起來都很棒，端坐在花盆裡看起來也頗為甜美，你可以將它們以群組擺設，或單獨放在咖啡桌或層架上。

空氣鳳梨有超過六百五十種，我們選擇一些最愛來激發你的靈感，將這些迷人的小可愛添加到植物收藏陣容。

霸王（*Tillandsia xerographica*）是我們最喜歡的空氣鳳梨品種之一。

光照
明亮，直接

水量
高

介質
濕潤－保濕

Nepenthes

豬籠草屬

食蟲植物是一群令人難以抗拒的迷人植物，值得親自栽種欣賞。它們有著造型特殊的囊狀葉，散發的花蜜、氣味和顏色會吸引昆蟲進入，被困住之後淹死在瓶子底部。植株會釋放消化液幫助分解昆蟲，其養分（氮和磷）隨後被植物吸收。建議剪掉枯葉，讓植物看起來整齊，並在定期澆水之餘，盆底的水盤也添加一些水，幫助保持介質濕潤。

光照	水量	介質
明亮，直接	中等	排水良好

Pilea peperomioides

鏡面草

人氣很高但較難取得的鏡面草充斥在世界各地的 Pinterest 版面。雖然它們不容易擁有，卻真的值得尋找！這種嬌小的植物大約只能長到 30 公分，但引人注目的圓形葉子，總是一眼讓人聯想到煎餅，這也是它大受歡迎的原因，也難怪它的英文名就是「煎餅草」（Pancake plant）。它最棒的特色之一就是很容易繁殖，小苗會從植物的基部開始生長，一長到至少有 5 公分高時，只需用清潔的刀片將幼苗切下，置於潮濕的介質裡，幼苗應該會在 6 週內生根。拿出來跟喜歡植物的朋友們分享吧！

栽培小訣竅：旋轉植物，平均受光，以免生長不均勻，並確保澆水之後它不會泡在水裡，否則容易爛根。

貝可利
Tillandsia brachycaulos

霸王空氣鳳梨
Tillandsia xerographica

小精靈
Tillandsia ionantha

空氣鳳梨

電捲燙
Tillandsia streptophylla

多國花
Tillandsia stricta

　　不需要介質的植物聽起來很不正常，可是耐人尋味的空氣鳳梨能靠著少許水、空氣和老化植物碎屑存活，是地表最強的植物代表。身為附生植物，空氣鳳梨能和附著的宿主植物或結構和平共處，也就是說無論它們是生活在巨大老桉樹的樹洞裡，或是擱在黃銅製的吊架上，都會一樣自在。

光照	**水量**	**介質**
明亮，散射光	規律噴霧	不需要， 可是要保持良好通風

Tillandsia usneoides

松蘿鳳梨

松蘿鳳梨是最常見的空氣鳳梨之一。它也叫西班牙苔蘚、老人的鬍鬚或樹鬚，所以不難想像這個小傢伙的長相。在原生環境中，它從樹枝上仙氣十足地垂下來，但是如果從你家牆上的鉤子或書架頂部垂下，也會同樣快樂。只要付出一點點努力，松蘿鳳梨能給你茂盛的回報。它不需要介質，喜歡規律的噴霧、良好的氣流和能讓它隨之擺動的微風。

光照

明亮，
散射光－直接

水量

每隔一週
泡水十五分鐘，
規律噴霧

介質

不需要，
可是要保持
良好通風

Tillandsia xerographica

霸王

霸王巨大的銀色葉片寬闊而向尖端逐漸變細，形成捲曲的蓮座形，是令人讚嘆的植物收藏品。它長得比許多空氣鳳梨表親還大，無論是從懸掛的花盆探出頭來或懸垂在層架一角，視覺效果都很棒。此外，它的花期相當長，讓你有足夠的時間欣賞可愛的粉紅色和紫色花朵。

光照	水量	介質
明亮，散射光	每週泡水三十分鐘 ＋噴霧	不需要， 可是要保持良好通風

Tillandsia ionantha

小精靈

原生於中美洲和墨西哥，小精靈在生長初期是銀綠色的葉子，進入開花週期時會慢慢變成令人驚異的粉紅色。很快地，紫色的花苞和金色的花尖會隨之出現，為這株美麗的小植物添上完美的冠冕。小精靈在任何空間都能發揮很棒的裝飾功能，也很適合單獨懸掛，或位於室內植物組成的小叢林之間。你可以搭配一個有特色的迷你空氣鳳梨吊架，或發揮創意用漂流木、鐵絲或繩子製作自己的版本。

Tillandsia stricta

多國花

在野外它可以在岩石上生長，也能長在樹上，是空氣鳳梨中較頑強的物種之一。多國花在夏天開花，有搶眼的粉紅色葉子和精緻的紫色花朵。雖然花期很短，但開花前出現的色彩斑爛葉片可以持續長達三個月。開花之後小苗就會長大，所以要留意它們，一旦達到成熟的尺寸就可以與親株分開。

光照

明亮，散射光

水量

每週一到兩次，
泡水三十分鐘

介質

不需要，
可是要保持
良好通風

光照	水量	介質
明亮，散射光	每隔幾週倒過來快速過水一次，偶爾噴霧	不需要，可是要保持良好通風

Tillandsia streptophylla

電捲燙

英文名以捲髮童星秀蘭‧鄧波爾（Shirley Temple）命名，它的葉片糾結得非常好看。電捲燙來自墨西哥南部、瓜地馬拉和洪都拉斯的荒野，在當地透過蜂鳥和蝙蝠授粉。它會綻放出粉紅色和紫色的花朵，讓美麗更上一層樓。電捲燙比一般空氣鳳梨更喜歡乾燥的環境，所以比較喜歡快速過水而不是浸泡。

綠植人

安眞

Jin Ahn

室內園藝專門店：典藏溫室共同創始人

走進典藏溫室，你的感官會被覆蓋每一處表面的大量綠色淹沒。從地面到挑高天花板，這是一片令人印象深刻的綠洲。

跟我們聊聊妳自己：個人背景、從事的工作，並介紹一下這次拍照的空間

我在首爾出生長大，那是全世界最擁擠的城市。我在 2010 年移居英國，除了增強我的英語之外，也想從原本的服裝設計師改行。

在英國鄉村度過的時光給了我靈感。我來自一個有很多混凝土的大城市。如果能與自然一起工作，從此應該就會很快樂，所以決定學習園藝。

雖然我想像自己會在植物園或苗圃工作，但是在英國的戶外工作對我這個城市女孩來説並不理想。我在完成學位之後搬到倫敦，意識到我可以用以前在設計和商業的經驗及背景，開一家在大城市中的室內園藝專門店，典藏溫室 Conservatory Archives 就此誕生。

談一下妳開店的理念，這個店的意義？

我完成學位之後，對於人們很少關注室內園藝感到很奇怪，而且倫敦沒有多少專門針對室內植物的商店和行號。首爾的生活方式與這裡截然不同，由於大多數人住在高樓裡，沒有室外花園，所以在我成長過程中看了大量的室內植物。東倫敦的創意人非常支持我們正在做的事情，所以看起來我們做了正確的選擇。

妳的設計背景如何影響妳對植物的方式？

我的設計背景以及在城市中長大的經驗，使得我很習慣室內空間。我喜歡在建築物裡看見植物，周遭圍繞著家具和其他物件。我對設計和復古家具的興趣肯定影響了典藏溫室的調性，還有店面本身的形象和感覺。我相信選擇植物和選擇家具沒什麼不同，那麼何不在同一個地方進行？

我想，
如果能與自然一起工作，
應該就會很快樂，
學習園藝
看起來是個理想的選擇！
———

植物是否一直在妳的生命裡扮演重要的角色？

我媽媽很喜歡室內園藝，她喜歡多肉植物，我們在首爾的公寓擺滿了多肉植物。但直到我離開本行到了英國之後，才開始思考將植物當成一份工作。遠離了首爾的喧囂，與大自然相處，我意識到與自然世界聯繫的重要性，尤其是對城市居民來說。

妳最喜歡的室內植物有哪些，為什麼？

太多了。我喜歡有很多分枝的植物，因為它們看起來像雕塑。在幫人們選擇植物的時候，我喜歡鼓勵他們考慮生活空間中的光線質量以及生活方式。如果你有一扇窗戶能獲得充足的自然光，小型多肉植物就是很容易入手的，就算忽視一整個星期，它們還是會原諒你（所以不要過度澆水！）。

聯合創始人安真和賈克莫愛憐地照顧他們東倫敦店面的大量植物寶寶。有這麼多綠色植物
需要照顧，澆水是一項巨大的工程！

INDEX

A

Adiantum raddianum　楔葉鐵線蕨 **111**

Adiantum tenerum　鐵線蕨 **105**

Agave americana　美洲龍舌蘭 **179**

Alocasia 'polly'　觀音蓮「波莉」 **73**

Anthurium　花燭屬 / 火鶴屬 **93**

Archontophoenix alexandrae
　亞歷山大椰子 **119**

Asplenium bulbiferum　芽孢鐵角蕨 **105**

B

Begonia 'Black Coffee'
　「黑咖啡」秋海棠 **158**

Begonia maculata 'Wightii'
　麻葉秋海棠 **160**

Begonia masoniana　鐵十字秋海棠 **158**

Begonia rex-cultorum　蛤蟆秋海棠 **161**

Begonia 'Sylvia'　「希薇亞」秋海棠 **158**

C

Ceropegia woodii　愛之蔓 **178**

Chlorophytum comosum　吊蘭 **88**

Colocasia　芋屬 **90**

Cyrtomium falcatum　全緣貫眾蕨 **105**

D

Dracaena 'Moonlight'
　虎尾蘭「月光」 **182**

E

Echeveria　石蓮屬 **189**

Echinocactus grusonii　金鯱 **203**

Epipremnum aureum　黃金葛 **69**

Euphorbia trigona　彩雲閣 / 三角霸王鞭 . **187**

F

Fatsia Japonica 'Spiders web'

　　八角金盤.................................... **68**

Ficus elastica　印度橡膠樹.......................... **144**

Ficus longifolia　長葉榕.......................... **143**

Ficus lyrata　琴葉榕.......................... **142**

G

Gasteria obliqua　墨鉾.................................... **186**

Graptoveria paraguayense 'Bronze'

　　姬朧月.......................... **177**

H

Haworthiopsis attenuata　十二卷.............. **183**

Heptapleurum arboricola　鵝掌藤.............. **72**

Heuchera　礬根.................................... **92**

Howea forsteriana　荷威椰子.................... **123**

Hoya obovtata　倒卵葉毬蘭.......................... **89**

K

Kalanchoe gastonis-bonnieri

　　雷鳥 / 掌上珠.................................... **190**

L

Livistona chinensis　蒲葵.......................... **122**

M

Mammillaria bocasana　高砂...................... **215**

Mammillaria elongata　黃金司.................. **200**

Monstera deliciosa

　　龜背芋 / 蓬萊蕉 / 電信蘭 **74**

N

Nepenthes　豬籠草屬.......................... **224**

Nephrolepis exaltata　波士頓腎蕨.............. **108**

O

Opuntia microdasys subsp. *rufida*

　　赤烏帽子.................................... **216**

P

Peperomia argyreia　西瓜皮椒草 **156**

Peperomia caperata　皺葉椒草 **155**

Peperomia obtusifolia　圓葉椒草 **152**

Peperomia scandens "Variegata"

　　斑葉垂椒草 **154**

Philodendron 'Rojo Congo'

　　紅剛果蔓綠絨 **138**

Philodendron cordatum　心葉蔓綠絨 **136**

Philodendron erubescens

　　紅帝王蔓綠絨 **135**

Pilea peperomioides　鏡面草 **225**

Piper kadsura　風藤 **71**

Platycerium bifurcatum　二歧鹿角蕨 **107**

Polypodium aureum　藍星水龍骨 **110**

Pteris cretica　大葉鳳尾蕨 **109**

R

Rhapis excelsa　觀音棕竹 **120**

Rhipsalis baccifera　絲葦 **204**

S

Sedum morganianum　玉簾 **180**

Selenicereus anthonyanus

　　紫魚骨令箭 / 鯊魚劍 **202**

Sempervivum arachnoideum

　　蛛絲卷絹 **188**

Senecio mandraliscae　藍粉筆 **184**

Senecio radicans　弦月 **185**

Spathiphyllum　白鶴芋屬 **86**

Stapelia grandiflora　大花犀角 **214**

Strelitzia　白花天堂鳥 / 天堂鳥 **70**

Syngonium　合果芋屬 **91**

T

Thaumatophyllum bipinnatifidum

　春羽 / 大天使鵝掌芋...................................**134**

Thaumatophyllum bipinnatifidum 'Super Atom'

　超原子鵝掌芋...**134**

Thaumatophyllum xanadu

　小天使 / 仙羽鵝掌芋................................**139**

Tillandsia brachycaulos　貝可利...............**226**

Tillandsia ionantha　小精靈......................**231**

Tillandsia streptophylla　電捲燙...............**233**

Tillandsia stricta　多國花..........................**232**

Tillandsia usneoides　松蘿鳳梨................**228**

Tillandsia xerographica　霸王...................**230**

Z

Zamioculcas zamiifolia　美鐵芋.................**87**

東倫敦典藏溫室，觀葉和多肉植物正在享受透過前窗斑駁灑下的晨光。

作者簡介

「Leaf Supply」綠葉補給站網路商店是兩個朋友和重症植物癖患者的心血結晶。蘿倫・卡蜜勒里，經營網路植物和設計商店「Domus Botanica」；蘇菲亞・凱普蘭是植物和花卉造型師，經營「Sophia Kaplan Plants & Flowers」，也是部落格 Secret Garden 的創始人。

植栽批發市場讓我們感到興奮，並且從秘密苗圃採購最健康、最性感的綠色植物。我們也和本地陶藝家、製造商和設計創意人員想出獨特的花盆和配件，吸引室內園藝成癮者。我們認為生活被綠色植物包圍的感覺更好。所以便創立了「Leaf Supply」分享對植物的愛。

蘿倫・卡蜜勒里 Lauren Camilleri

父母都是熱情的園丁，他們不斷開發更新我們家後院非常漂亮的花園。我自從離家後住的一直是公寓，也想擁有屬於自己的綠洲。不過說起來容易做起來難。

我養死的多肉植物多到不敢承認，後來買了一株漂亮的小龜背芋，決心讓這株美麗的植物活下去；不再有更多種植失敗的植物被丟進垃圾桶。我開始研究如何照顧室內植物，並領悟到透過一些簡單的技巧，努力不讓這株植物同伴踏上與前人相同的命運。最後這株龜背芋不僅活了下來，而且還長大了！它在小客廳角落裡茁壯，每長一片新葉子我就更有信心，總算從黑手指翻身了。從那株美麗的小龜背芋開始，踏上室內叢林種植之旅。

綠手指技能：擁有室內建築學士學位，骨子裡是平面設計師，以及對綠葉的熱愛，蘿倫的生活宗旨是為植物找到相配的正確角落，從此過著最棒的生活。她對陶瓷的癮頭已經是一種病了。

精神植物：龜背芋。那些富圖像感，有光澤的葉片是設計師的夢想。但是它們並非華而不實，因為它們也是強健而且可人的低維護成本植物。

蘇菲亞・凱普蘭 Sophia Kaplan

我小時候總是期待去看爺爺，因為他一定會叫我們在花園裡幫忙。他對於吃自己種植的東西有很大的熱情，包括院子中央一棵巨大的澳洲胡桃樹。我一直很喜歡在泥土裡玩，並發現園藝是了不起的治療方式。看著植物生長以及大自然展現的奇蹟真是一件樂事。我盡量用最多的植物包圍自己，除了照顧本地社區花園裡我那一小塊田之外，還在家裡擺滿室內綠色植物，滿足每天都要與大自然聯繫的渴望。

綠手指技能：種植和造型植物已經成為蘇菲亞的全職工作了，她也使用花卉為客戶創造野性自然的場景。她喜歡經營有創意的夥伴關係，以及為觀葉植物愛好者找到更多特別的品種。

精神植物：豬籠草屬。這些非常美麗和彷彿來自異世界的植物，經常很快成為收藏家痴迷的物種。

感謝

如果有人給你機會創作一本書，那是肯定要接受的。我們非常感謝保羅．麥克納利 Paul McNally 給我們有機會以印刷形式分享 Leaf Supply 對植物的愛。非常感謝露西把我們的胡言亂語變成實際形體，並協助打造有整體感、我們希望是有用的室內植物共同生活指南。

當我們開始經營 Leaf Supply 網路商店時，目的在創造植物愛好者的社區，這本書就是真人實證。如果沒有下面這些超級慷慨的植物同好，我們絕對做不到：艾瑪．麥克佛森，塔妮．卡洛、卡拉．萊莉、理查．昂斯霍茲、泰絲．羅蘋森、喬吉娜．立德、卡莉．布特和裘．達德、安和賈克莫．普拉佐塔、魏珍和嘉兒汀．漢森。我們很高興被迎入各位蓊鬱的生活空間，並分享了諸位與室內叢林一起生活的生動經歷。

感謝了不起的園藝從業人員，在溫室裡辛勤培育和照護最美麗的植物，其中許多出現在本書頁面間。我們在苗圃與各位邊喝茶邊分享的園藝知識極為寶貴。

創作一本書絕對必須結合許多很棒的人一同付出心血：向我們的朋友和家庭，尤其是另一半安東尼和麥可忍受我們花在寫作、排檔期、採購、攝影和設計上的時間；以及我們的父母瑪莉、理查、珍妮絲和劉易斯，感謝他們的支持。感謝那些閱讀稿件、編輯稿件、將住處和工作室借給我們拍照的人，衷心感謝各位的協助。

但也許最重要的是，我們必須對非凡的攝影師路易莎．布里伯爾致上最高的謝意。她的熱情從一開始就堅定不移，捕捉到植物、空間和人共生共存的完美畫面，可說是這本書徹頭徹尾的支柱。我們希望能繼續和妳一起創造充滿植物的美麗畫面！

> 當我們開始經營
> Leaf Supply 購物網站時，
> 目的在創造植物愛好者的社區，
> 這本書就是真人實證。

植感生活提案：觀葉植物的室內養成 & 入門品種推薦

Leaf Supply：A Guide to Keeping Happy Houseplants

作　　　者　蘿倫·卡蜜勒里、蘇菲亞·凱普蘭
譯　　　者　杜蘊慧
審　　　訂　Alvin Tam@春及殿、陳坤燦
社　　　長　張淑貞
總　編　輯　許貝羚
主　　　編　鄭錦屏
特 約 美 編　謝蕅鎂
行 銷 企 劃　洪雅珊
國 際 版 權　吳怡萱

發　行　人　何飛鵬
事業群總經理　李淑霞
出　　　版　城邦文化事業股份有限公司　麥浩斯出版
E-mail　　cs@myhomelife.com.tw
地　　　址　104 台北市民生東路二段 141 號 8 樓
電　　　話　02-2500-7578
傳　　　真　02-2500-1915
購 書 專 線　0800-020-299
發　　　行　英屬蓋曼群島商家庭傳媒股份有限公司城邦分公司
地　　　址　104 台北市民生東路二段 141 號 2 樓
電　　　話　02-2500-0888
讀者服務電話　0800-020-299（9:30AM~12:00PM；01:30PM~05:00PM）
讀者服務傳真　02-2517-0999
劃 撥 帳 號　19833516
戶　　　名　英屬蓋曼群島商家庭傳媒股份有限公司城邦分公司

香港發行城邦〈香港〉出版集團有限公司
地　　　址　香港灣仔駱克道 193 號東超商業中心 1 樓
電　　　話　852-2508-6231
傳　　　真　852-2578-9337

新馬發行　城邦〈新馬〉出版集團 Cite(M) Sdn. Bhd.(458372U)
地　　　址　41, Jalan Radin Anum, Bandar Baru Sri Petaling,57000 Kuala Lumpur, Malaysia.
電　　　話　603-9057-8822
傳　　　真　603-9057-6622

製版印刷　凱林印刷事業股份有限公司
總 經 銷　聯合發行股份有限公司
電　　　話　02-2917-8022
傳　　　真　02-2915-6275
版　　　次　初版 2 刷 2023 年 3 月
定　　　價　新台幣 650 元／港幣 217 元
Printed in Taiwan
著作權所有 翻印必究（缺頁或破損請寄回更換）

國家圖書館出版品預行編目（CIP）資料

植感生活提案：觀葉植物的室內養成 & 入門品種推薦／蘿倫·卡蜜勒里，蘇菲亞·凱普蘭著；杜蘊慧譯. -- 初版. -- 臺北市：城邦文化事業股份有限公司麥浩斯出版：英屬蓋曼群島商家庭傳媒股份有限公司城邦分公司發行，2022.05
　面；　公分
譯自：Leaf supply : a guide to keeping happy houseplants
ISBN 978-986-408-805-8（平裝）

1.CST: 觀葉植物 2.CST: 栽培 3.CST: 家庭佈置

435.47　　　　　　　　　　　　　111003708